问茶

于凌汉 高曼丽 主编

黑龙江科学技术出版社
HEILONGJIANG SCIENCE AND TECHNOLOGY PRESS

图书在版编目（ＣＩＰ）数据

问茶 / 于凌汉，高曼丽主编 . -- 哈尔滨：黑龙江
科学技术出版社，2022.8
ISBN 978-7-5719-1354-0

Ⅰ.①问… Ⅱ.①于…②高… Ⅲ.①茶文化－中国
Ⅳ.①TS971.21

中国版本图书馆 CIP 数据核字 (2022) 第 054601 号

问茶
WEN CHA

于凌汉　高曼丽　主编

责任编辑 孔　璐　顾天歌
封面设计 梓　琳
出　　版 黑龙江科学技术出版社
　　　　　地址：哈尔滨市南岗区公安街70-2号 邮编：150007
　　　　　电话：（0451）53642106 传真：（0451）53642143
　　　　　网址：www.lkcbs.cn
发　　行 全国新华书店
印　　刷 哈尔滨市石桥印务有限公司
开　　本 710 mm×1000 mm　1/16
印　　张 10.25
字　　数 250千字
版　　次 2022年8月第1版
印　　次 2022年8月第1次印刷
书　　号 ISBN 978-7-5719-1354-0
定　　价 45.00元

前　言

　　中国，茶之古国，茶及茶文化的发源地，世界上最早种茶、制茶、饮茶的国家。唐朝陆羽曾在《茶经》中记载："茶之为饮，发乎神农氏，闻于鲁周公。"中国人饮茶历史悠久，对茶的研究也经久不衰，这不仅为人类孕育了茶叶的研制泡饮技术，也留下了很多记录着大量茶史、茶事、茶人轶事等内容的书籍与文献。

　　"茶者，南方之佳木也。"茶圣陆羽用简洁的文字清晰深刻地概括和赞美了茶的迷人形象。几千年来茶在世人眼中，因品性而多姿，因蕴香而馥郁，因气润而清雅……不论是远古人在寻觅食物过程中发现，还是后来人烹煮食物时随风飘落的巧合，茶叶与人的相识、相知、相伴的过程，更像是一场旷世奇缘，跌宕起伏，历久弥新。

　　茶艺先师陆羽所著的《茶经》，是他根据对中国各大茶区茶叶的多年研究考察，详细评述中国茶历史、产地、功效、栽培、烹煮、饮用、器具的第一本茶叶专著，《茶经》是中国乃至世界最早、最完备的茶叶专著。我们仅以此书致敬先贤。

　　本书一共分七章，集科学性、知识性、实用性于一体，详尽地阐述了茶的起源、历史、典籍、人物、茶俗、茶食、茶文化以及与茶饮生活相关的选茶、论水、择器、赏评等诸多内容，为广大茶友和茶叶工作者、在校学生提供充实、细致的茶学指导与参考。在了解、学习、体验茶学及中国茶文化的博大精深的同时，也能获得舒畅愉悦的视觉享受。本书在编写过程中，时间较为仓促，加之编者水平有限，谬误疏漏之处实属难免，还请广大茶人茶友不吝指教。

编者
2022年1月22日于哈尔滨

目录

第三章 茶之供器

第四章 茶之鉴艺

第七章 茶之味趣

第一章

茶
之
起
源

001. 最早发现茶的人是谁

中国历史上关于茶最早的记载是《神农本草经》，传说是神农氏发现了茶，认为茶有解毒的神奇功效

据陆羽《茶经》载："茶之为饮，发乎神农氏，闻于鲁周公。"中国是发现与利用茶叶最早的国家，经过漫长的历史跋涉，现在茶已经在全世界 50 多个国家扎下了根。若从神农时代开始算起，在中国，茶的发现和利用距今大约有五六千年的历史了。

据考证，最早利用茶的为神农氏——古本《神农本草经》云："神农尝百草，日遇七十二毒，得茶而解之。"神农，是远古三皇之一的炎帝，相传在公元前 2700 多年以前，神农为了给人治病，经常到深山野岭采集草药，并对采集的草药亲口尝试，体会、鉴别草药的功能。有一天，神农在采药时尝到了一种有毒的草，顿时感到口干舌麻、头晕目眩，他赶紧找一棵大树背靠着坐下，闭目休息。这时，一阵风吹来，树上落下几片绿油油的、带着清香的叶子，神农拾了两片放在嘴里咀嚼，一股清香在口中散播开来，顿时感觉舌底生津、精神振奋，刚才的不适一扫而空。他感到奇怪，于是，再拾起几片叶子细细观察，他发现这种树叶的叶形、叶脉、叶缘均与一般的树木不同。神农便采集了一些带回去细细研究，后来将它定名为"茶"，这就是茶的最早发现。此后茶树逐渐被发掘、采集和引种，人们将其用作药物、供作祭品、当作食物和饮料。

002. 茶树起源于哪儿

中国是世界上最早种茶、制茶、饮茶的国家，茶树的栽培已经有几千年的历史了。在云南的普洱县有一棵"茶树王"，树干高 13 米，当地人称其已有 1700 年的历史。近年，在云南思茅镇的森林中，人们又发现两株当地人认为树龄为 2700 年左右的野生"茶树王"，需要两人才能合抱。在这片森林中，直径在 30 厘米以上的野生茶树有很多。

茶树原产于中国，一直是一个不争的事实。但是近几年，有些国外学者在印度也发现了高大的野生茶树，就贸然认为茶树原产于印度。中国和印度都是世界文明古国，虽然两国都有野生古茶树存在，但有一点是肯定的：我国已经有文献记载"茶"的时间，比印度发现的野生古茶树的树龄还要早了 1000 多年。当印度人还不知道茶的作用，甚至不知道有茶树这种植物时，我国的茶文化已有千年的历史。无论是从茶树的历史还是分布情况，或是地质变迁，又或是气候变化等等方面来看，都只能说明一个事实：中国是茶树的原产地，是茶树的故乡。

003. "茶"字是怎么来的

在唐代之前，人们大多把茶称为"荼"（tú），期间也用过其他字形，直到中唐以后，"茶"字才成为官方的统一称谓。在中唐之前，有称"槚"（jiǎ）"茗""荈"的。最初，茶被归于野外的苦菜——"荼"类，没有单独的名称，如《诗经》中"谁谓荼苦，其甘如荠"，人们用"荼"字作为茶的称谓。

《尔雅》一书中，开始借用"槚"字来代表茶树。《尔雅·释木》之中为其正名，"槚，即荼"；但"槚"的原义是指楸、梓之类的树木，用来指茶树会引起误解。所以，在"槚、苦荼"的基础上，又造出一个"搽"（chá）字，用来代替原先的"槚""荼"字。到了陈隋，出现了"茶"字，改变了原来的字形和读音，多在民间流行使用。直到唐代陆羽第一次在《茶经》中使用统一的"茶"字之后，才渐渐流行开来。

如今世界各国关于茶的读音，大多是从中国直接或间接引入的。这些读音可分为两大体系，一种是采取普通话的语音——"CHA"；一种是采取福建厦门的地方语"退"音——"TEY"。

青翠的草

自在的人

敦实的木

古人常将"茶"字暗示分解为"人在草木中"，既合情理，又寓意境

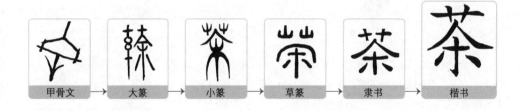

甲骨文 → 大篆 → 小篆 → 草篆 → 隶书 → 楷书

 ## 004. 中国古代怎样制茶

根据晋朝常璩《华阳国志·巴志》记载，商末时候，巴国已把茶作为贡品献给周武王了。在《华阳国志》一书中，介绍了巴蜀地区人工栽培的茶园。

【魏晋】

魏晋南北朝时期，茶产渐多，茶叶商品化。这一时期，南方已普遍种植茶树。《华阳国志·巴

志》中说："其地产茶，用来纳贡。"《蜀志》中记载："什邡县，山出好茶。"关于当时的饮茶方式，《广志》中是这样说的："茶丛生真，煮饮为茗。茶、茱萸、檫子之属，膏煎之，或以茱萸煮脯胃汁，谓之茶。有赤色者，亦米和膏煎，曰无酒茶。"

【唐朝】

唐朝以前，多用晒或烘的方式制成茶饼。但是，这种初步加工的茶饼，仍有很浓的青涩之味。经过反复的实践，唐代出现了完善的"蒸青法"。

蒸青利用蒸气来破坏鲜叶中酶的活性，形成的干茶具有色泽深绿、茶汤浅绿、茶底青绿的"三绿"特征，香气带着一股青气，是一种具有真色、真香、真味的天然风味茶。

陆羽在《茶经·三之造》一篇中详细记载了这种制茶工艺："晴，采之，蒸之，捣之，拍之，焙之，穿之，封之，茶之干矣。"在二月至四月间的晴天，在向阳的茶林中摘取鲜嫩茶叶。用蒸的方法使茶的鲜叶萎凋脱水，然后捣碎成末，以模具拍压成团饼之形，再烘焙干燥，之后在茶饼上穿孔，以绳索穿起来，加以封存。

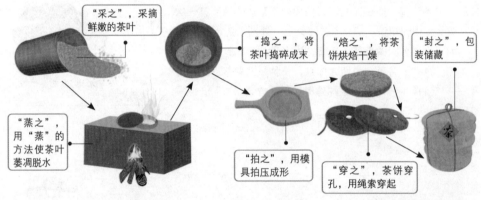

"采之"，采摘鲜嫩的茶叶

"捣之"，将茶叶捣碎成末

"焙之"，将茶饼烘焙干燥

"封之"，包装储藏

"蒸之"，用"蒸"的方法使茶叶萎凋脱水

"拍之"，用模具拍压成形

"穿之"，茶饼穿孔，用绳索穿起

【宋朝】

由于宋朝皇室饮茶之风较唐代更盛，极大地刺激了贡茶的发展。真宗时，丁谓至福建任转运使，精心监造御茶，进贡龙凤团茶。庆历中，蔡襄任转运使，创制小龙团茶，其品精绝，二十饼重一斤，每饼值金二两！神宗时，福建转运使贾青又创制密云龙茶，茶上的云纹纹饰十分精致，由于皇亲国戚们乞赐不断，皇帝甚至下令不许再造。据宋代赵汝砺《北苑别录》记述，龙凤团茶的制造工艺有六道工序：蒸茶、榨茶、研茶、造茶、过黄、烘茶。茶芽采回后，先浸泡水中，挑选匀整芽叶进行蒸青，蒸后冷水清洗，然后小榨去水，大榨去茶汁，去汁后置瓦盆内，兑水研细，再倒入龙凤模压饼、烘干。

"龙凤团茶"是北宋的贡茶，因茶饼上印有龙凤形的纹饰而得名，由于制作耗时费工、成本惊人，后逐渐消亡。图为"龙凤团茶"模影

【元朝、明朝】

宋朝灭亡后，龙凤团茶走向末路。北方游牧民族不喜欢这种过于精细的茶艺；而平民百姓又没有时间品赏，他们更喜欢新工艺制作的条形散茶。到了明朝，明太祖朱元璋于1391年下诏罢造龙团，废除龙凤团茶。从此，龙凤团茶成为一个历史符号，而蒸青散茶开始盛行。

相比于饼茶和团茶，少了揉压制形工序后的蒸青散茶更好地保留了茶叶的自然香味

【清朝】

清朝的制茶工艺进一步提高，综合前代多种制茶工艺，继承发展出六大茶类，即绿茶、黄茶、黑茶、白茶、红茶、青茶。此外，承接了宋朝添加香料或香花的花茶工艺，明清之际的窨花制茶技术日益完善，有桂花、茉莉、玫瑰、蔷薇、兰蕙、菊花、栀子、木香、梅花九种之多。

青茶源于明末清初，制法介于绿茶、红茶之间，乌龙茶就是其中较为出众的一种

 ## 005. 中国古代如何饮茶

【魏晋】

据唐代诗人皮日休说，汉魏六朝的饮茶法是"浑而烹之"，将茶树生叶煮成浓稠的羹汤饮用。西晋杜育在《荈赋》中写道："水则岷方之注，挹彼清流。器择陶简，出自东隅。酌之以匏，取式公刘。惟兹初成，沫沉华浮。焕如积雪，晔若春敷。"大概意思是：水是岷江的清泉，碗是东隅的陶简，用公刘制作的瓢舀出。茶煮好之时，茶末沉下，汤华浮上，亮如冬天的积雪，鲜似春日的百花。这里就涉

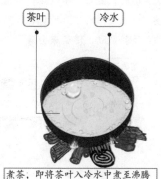

茶叶　　冷水

煮茶，即将茶叶入冷水中煮至沸腾

及择水、选器、酌茶等环节。这一时期的饮茶是煮茶法，以茶入锅中熬煮，然后盛到碗内饮用。

【唐朝】

到了唐朝，饮茶风气渐渐普及全国。自陆羽的《茶经》出现后，茶道更是兴盛。当时饮茶之风扩散到民间，都把茶当作家常饮料，甚至出现了茶水铺，"不问道俗，投钱取饮"。唐朝的茶，以团饼为主，也有少量粗茶、散茶和米茶。饮茶方式，除延续魏晋南北朝的煮茶法外，还有泡茶法和煎茶法。

《茶经·六之饮》："饮有粗茶、散茶、末茶、饼茶，乃斫、乃熬、乃炀、乃舂，贮于瓶缶之中，以汤活焉，谓之痷茶。"茶有粗、散、末、饼四类，粗茶要切碎，散茶、末茶入釜炒熬、烤干，饼茶舂成茶末。将茶投入瓶缶中，灌以沸水浸泡，称为"痷茶"。"痷"义同"淹"，即用沸水淹泡茶。

煎茶法是陆羽所创，主要程序有：备器、炙茶、碾罗、择水、取水、候汤、煎茶、酌茶、啜饮。它与魏晋南北朝的煮茶法相比，有两点区别：①煎茶法通常用茶末，而煮茶法用散叶、茶末皆可；②煎茶是一沸投茶，环搅，三沸而止，煮茶法则是冷热水不忌，煮熬而成。

饮茶的习俗在唐代得以普及，在宋代达到鼎盛。此时，茶叶生产空前发展，饮茶之风极为盛行，不但王公贵族经常举行茶宴，皇帝也常以贡茶宴请群臣。在民间，茶也成为百姓生活中的日常必需品之一。

捣压成碎茶末，投入瓷器中

沸水冲泡

辅以葱、姜、橘子作作料

煎茶，如同煎药，将茶叶下入水中煮熬

【宋朝】

宋朝前期，茶以片茶（团、饼）为主；到了后期，散茶取代片茶占据主导地位。在饮茶方式上，除了继承隋唐时期的煎、煮茶法外，又兴起了点茶法。为了评比茶质的优劣和点茶技艺的高低，宋代盛行"斗茶"，而点茶法就是在斗茶时所用的技法。将饼茶碾碎，置茶盏中待用，以釜烧水，微沸初漾时，在茶叶碗里注入少量沸水调成糊状，然后再量茶，注入沸水，边注边用茶筅搅动，使茶末上浮，产生泡沫。

注入适量沸水

边注边用茶筅搅动

茶末上浮，产生泡沫

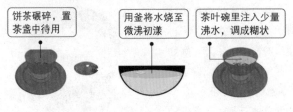

饼茶碾碎，置茶盏中待用

用釜将水烧至微沸初漾

茶叶碗里注入少量沸水，调成糊状

【元朝】

元朝泡茶法发展壮大，泡茶多用末茶，并且还杂以米面、麦面、酥油等佐料；明代的细茗，则不加佐料，直接投茶入瓯，用沸水冲点，杭州一带称之为"撮泡"，这种泡茶方式是后世泡茶的先驱。明代人陈师在《茶考》中记载："杭俗烹茶，用细茗置茶瓯，以沸汤点之，名为撮泡。"

曾在民间盛行的简单、便捷的茶叶冲泡方法在明代大行其道

以沸水冲泡

将茶叶直接投入茶盏中

【清朝】

清代时，品茶的方法日益完善，无论是茶叶、茶具，还是茶的冲泡方法，已和现代相似。茶壶茶杯要用开水先洗涤，干布擦干，加入茶叶，注水，茶渣先倒掉，再斟。各地由于不同的风俗，选用不同的茶类。如两广多饮红茶，福建多饮乌龙茶，江浙多好绿茶，北方多喜花茶或绿茶，边疆地区多用黑茶。

在众多的饮茶方式之中，以功夫茶的泡法最具特点：一壶常配四只左右的茶杯，一壶之茶，一般只能分酾两次。杯、盏以雪白为上，蓝白次之。采取啜饮的方式：酾不宜早，饮不宜迟，旋注旋饮。

器皿"以紫砂为上，盖不夺香，又无熟汤气"

杯盏以雪白为上

清袁枚《随园食单》"武夷茶"条载："杯小如胡桃，壶小如香橼。上口不忍遽咽，先嗅其香，再试其味，徐徐咀嚼而体贴之。"

 006. 茶文化是如何形成和发展的

魏晋南北朝时期，随着文人饮茶习俗的兴起，有关茶的文学作品日渐增多，茶渐渐脱离作为一般形态的饮食而走入文化领域。如《搜神记》《神异记》《异苑》等志怪小说中便有一些关

于茶的故事。左思的《娇女诗》、张载的《登成都白菟楼》、王微的《杂诗》都是中国最早一批茶诗。西晋杜育的《荈赋》是文学史上第一篇以茶为题材的赋，宋代吴淑在《茶赋》中称："清文既传于杜育，精思亦闻于陆羽。"

【魏晋】

魏晋时期，玄学盛行。玄学名士，大多爱好虚无玄远的清谈，终日流连于青山秀水之间。最初的清谈家多为酒徒，但喝多了会举止失措，有失雅观，而茶可竟日长饮，使人心态平和。慢慢地，这些清谈家从好酒转向好茶，饮茶被他们当作一种精神支持。

茶的天然韵味以及冲饮过程中给人的恬淡、幽远意境，与文人名士修养心性、品味不凡的追求不谋而合

这一时期，随着佛教的兴盛和道教的确立，茶以其清淡、虚静的本性受到人们的青睐。在道家看来，饮茶是帮助炼"内丹"，升清降浊，轻身换骨，修成长生不老之体的好办法；在佛家看来，茶又是禅定入静的必备之物。茶文化与宗教相结合，无疑提高了茶的地位。尽管此时尚没有完整的茶文化体系，但茶已经脱离普通饮食的范畴，具有了显著的社会和文化功能。

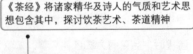

《茶经》将诸家精华及诗人的气质和艺术思想包含其中，探讨饮茶艺术、茶道精神

【唐朝】

唐代的饮茶习俗蔚然成风，对茶和水的选择、烹煮方式以及饮茶环境越来越讲究。皇宫、寺院以及文人雅士之间盛行茶宴，茶宴的气氛庄重，环境雅致，礼节严格，且必用贡茶或高级茶叶，取水于名泉、清泉，选用名贵茶具。盛唐茶文化的形成，与当时佛教的发展、科举制度的确立、诗风大盛、贡茶的兴起、禁酒等等均有关联。公元780年左右，陆羽著成《茶经》，阐述了茶学、茶艺、茶道思想。

这一时期茶人辈出，使饮茶之道对水、茶、茶具、煎茶的追求达到一个极尽高雅、奢华的地步，以至于到了唐朝后期和宋代，茶文化中还保留了一股奢靡之风。

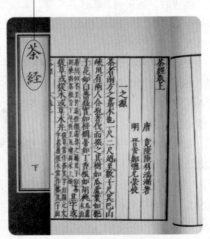

从《茶经》开始，茶文化呈现出全新的局面，它是唐代茶文化形成的标志

【宋朝】

到了宋代，茶文化继续发展深化，形成了特有的文化品位。宋太祖赵匡胤本身喜爱饮茶，在宫中设了立茶事机关，宫廷用茶划分等级。至于下层社会，平民百姓搬家时邻居要"献茶"；

有客人来，要敬"元宝茶"；订婚时要"下茶"；结婚时要"定茶"。

在学术领域，由于茶业的南移，贡茶以建安北苑为最，茶学研究者倾向于研究建茶。在宋代茶叶著作中，著名的有叶清臣的《述煮茶小品》、蔡襄的《茶录》、宋子安的《东溪试茶录》、沈括的《本朝茶法》、赵佶的《大观茶论》等。

宋代是历史上茶饮活动最活跃的时代，由于南北饮茶文化的融合，开始出现茶馆文化，茶馆在南宋时期被称为"茶肆"，当时临安城的茶饮买卖昼夜不绝。此外，宋代的茶饮活动从贡茶开始，又衍生出"绣茶""斗茶""分茶"等娱乐方式。

【明朝】

自元代以后，茶文化进入了曲折发展期。明代初期，汉人有感于开国之艰难，在茶文化上呈现出简约化和人与自然契合的趋势，以显露自己的气节。

此时茶已出现蒸青、炒青、烘青等品类，茶的饮用已改成"撮泡法"，明代不少文人雅士留有传世之作，如唐伯虎的《烹茶画卷》《品茶图》等。茶叶种类增多，泡茶的技艺有别，茶具的款式、质地、花纹千姿百态。明末清初，精细的茶文化再次出现，制茶、烹饮虽未回到宋人的烦琐，但茶风趋向纤弱。

【清朝】

清朝，茶馆发展极为迅速，有的镇子只有数千家居民，而茶馆可以达到百余家之多。店堂布置古朴雅致，除了文人雅士喝茶之外，还有商人、手工业者等，茶馆中兼营吃食，还增设说书、演唱节目，等于是民间的娱乐场所。

【当代】

虽然中华茶文化古已有之，但是它们在当代的复兴和研究却是始于 20 世纪 80 年代。台湾是中国现代茶艺、茶道的最早复兴之地。大陆方面，改革开放后茶叶产量快速提高。物质的丰富为茶文化的发展提供了坚实的基础。

从 20 世纪 90 年代起，一批茶文化研究者创作了一

"斗茶"是一种茶叶品质的比较方法，最早是用于贡茶的选送和市场价格的竞争，因此"斗茶"也被称为"茗战"

元明清时期，北方游牧民族的个性促使茶艺回归简约，重现返璞归真的景象

中国茶文化发展到今天，已不再是一种简单的饮食文化，而是一种历史悠久的民族精神特质，讲究天、地、山、水、人的合而为一

批专业著作，对当代茶文化的建立做出了积极贡献，如黄志根的《中国茶文化》、陈文华的《长江流域茶文化》、姚国坤的《茶文化概论》、余悦的《问俗》，对茶文化学科的各个方面进行了系统的专题研究。这些成果，为茶文化学科的确立奠定了基础。

随着茶文化的兴起，各地茶文化组织、茶文化活动越来越多，有些著名茶叶产区所组织的茶艺活动逐渐形成规模化、品牌化、产业化，更加促进了茶文化在社会的普及与流行。

007. 什么是贡茶

表面常附有皇家的印记或封蜡

包装严谨、精致

贡茶，就是古时专门作为贡品进献皇室，供帝王享用的茶叶

贡茶起源于西周，当时巴蜀作战有功，被册封为诸侯国，向周王纳贡的物品中即有茶叶。中国古代宁波盛产贡茶，以慈溪县区域为主，其他省、府几乎难与它匹敌。直到清朝灭亡，贡茶制度才随之消亡。

华夏文明数千年，贡茶制度对中国的茶叶生产和茶叶文化有着巨大的影响。贡茶是封建社会的君王对地方有效统治的一种维系象征，也是封建礼制的需要，它是封建社会商品经济不发达的产物。

贡茶的历史评价褒贬参半。首先，贡茶是对茶农的残酷剥削与压迫，它实际上是一种变相的税制，让茶农们深受其害，对茶叶生产极为不利；另一方面，由于贡茶对品质的苛求和求新的欲望，客观上促进了制茶技术的改进与提高。

【西周】

大约在公元前 1046 年，周武王姬发率周军及诸侯伐灭殷商的纣王后，便将其一位宗亲封在巴地。巴蜀作战有功，被册封为诸侯。

这是一个疆域不小的邦国，它东至鱼复（今重庆奉节东白帝城），西达僰道（今四川宜宾市西南安边镇），北接汉中（今陕西秦岭以南地区），南极黔涪（相当今四川涪陵地区）。巴王作为诸侯，要向周武王纳贡。

当时的茶叶不仅作为食用品，也是庆典祭祀时的礼品贡品有：五谷六畜、桑蚕麻纻、鱼盐铜铁、丹漆茶蜜、灵龟巨犀、山鸡白雉、黄润鲜粉。贡单后又加注："其果实之珍者，树有荔枝，蔓有辛蒟，园有芳蒻香茗。"香茗，即茶园里的珍品茶叶。

【唐朝】

唐朝是我国茶叶发展的重要历史时期，佛教的发展推动了饮茶习俗的传播。安史之乱后，经济重心南移，江南茶叶种植发展迅速，手工制茶作坊相继出现，茶叶初步形成商业化、区域化和专业化的特征，为贡茶制度的完善奠定了基础。

唐朝贡茶制度有两种形式：

第一种，选择优质的产茶区，令其定额纳贡。当时名茶亦有排名：雅州蒙顶茶为第一，称"仙茶"；常州阳羡茶、湖州紫笋茶同列第二；荆州团黄茶名列第三。

第二种，选择生态环境好、产量集中、交通便利的茶区，由朝廷直接设立贡茶院，专门制作贡茶。如：湖州长兴顾渚山，东临太湖，土壤肥沃，水陆运输方便，所产"顾渚扑人鼻孔，齿颊都异，久而不忘"，广德年间，与常州阳羡茶同列贡品。大历五年（770年），在此建构规模宏大的贡茶院，是有史可稽的中国历史上首座茶叶加工工场。

三彩驿使骑马俑（唐）

【宋朝】

到了宋朝，贡茶制度沿袭唐朝。此时，顾渚贡茶院日渐衰落，而福建凤凰山的北苑龙焙则取而代之，成为名声显赫的茶院。宋太宗太平兴国初年，朝廷特颁置龙凤模，派贡茶特使到北苑造团茶，以区别朝廷团茶和民间团茶。片茶压以银模，饰以龙凤花纹，栩栩如生，精湛绝伦。从此，宋代贡茶的制作走上更加精致、尊贵、华丽的发展路线。

宋代的贡茶在时人心中已不仅仅是一种精制的茶叶，而是尊贵的象征。北苑生产的龙凤团饼茶，采制技术精益求精，年年花样翻新，名品达数十种之多，生产规模之大，历史罕见。仁宗年间，蔡襄创造了小龙团；哲宗年间，改制瑞云翔龙。

宋代贡茶的价值高昂，"龙茶一饼，值黄金二两；凤茶一饼，值黄金一两。"欧阳修当了二十多年官，才蒙圣上赐高级贡茶一饼二两

【元朝】

元朝的贡茶与唐宋相比，在数量、质量及贡茶制度上都呈平淡之势。这主要是元朝统治者的民族性、生活习惯以及茶类的变化等原因，使唐宋形成的贡茶规制遭到冲击。

宋亡之后，一度兴盛的建安之御焙贡茶衰落了。元朝保留了一些宋室的御茶园和官方制茶工场，并于大德三年（1299年）在武夷山四曲溪设置焙局，又称为御茶园。御茶园建有仁风门、拜发殿、神清堂及思敬、焙芳、宜菽、燕宾、浮光等亭，附近还设有更衣台等建筑。焙工数以千计，大造贡茶。

御茶园创建之初，贡茶每年进献数十斤，逐渐增至数百斤，而要求数量越来越大，以至于每年焙制数千饼龙团茶。据董天工《武夷山志》载，元顺帝至正二十七年（公元1367年），贡茶额达九百九十斤。

【明朝】

明代初期，贡焙仍沿用元代旧制，贡焙制有所削弱，仅在福建武夷山置小型御茶园，定额纳贡制仍然实施。

明太祖朱元璋，出身贫寒，深知茶农疾苦，看到进贡的龙凤团饼茶，有感于茶农的不堪重负和团饼贡茶的昂贵和烦琐，因此专门下诏改革，此后明代贡茶正式革除团饼，采用散茶。

但是，在明代贡茶征收过程中，各地官吏层层加码，数量大大超过预额，给茶农造成极大的负担。根据《明史·食货志》载，明太祖时，建宁贡茶一千六百余斤，到隆庆初，增到二千三百斤。官吏们更是趁督造贡茶之机，贪污纳贿，无恶不作，使农民倾家荡产。天下产茶之地，岁贡都有定额，有茶必贡，无可减免。明神宗万历年间，富阳鲥鱼与茶并贡，百姓有苦难言。

【清朝】

清朝，茶业进入鼎盛时期，形成了著名的茶区和茶叶市场。如建瓯茶厂竟有上千家，每家少则数十人，多则百余人，从事制茶业的人员越来越多。据江西《铅山县志》记载："河口镇乾隆时期制茶工人二三万之众，有茶行四十八家。"

散茶能够最大限度地保留茶的自然香味，逐渐受到人们的青睐

元代的贡茶虽然沿袭宋制，以蒸青团饼茶、团茶为主，但在民间一般多改为饮叶茶、末茶

朱元璋诏令："诏建宁岁贡上供茶，罢造龙团……天下茶额惟建宁为上，其品有四：探春、先春、次春、紫笋，置茶户五百，免其役。"

22

在出口的农产品之中，茶叶所占比重很大。清代前期，贡茶仍沿用前朝产茶州定额纳贡的制度。到了中叶，由于商品经济的发展和资本主义因素的影响，贡茶制度逐渐消亡。清宫除常例用御茶之外，朝廷举行大型茶宴与每年新年正月举行的茶宴也均用御茶，在康熙后期与乾隆年间曾盛极一时。清代历朝皇室所消耗的贡茶数量是相当惊人的，全国七十多个府县，每年向宫廷所进贡的茶即达一万三千九百多斤。

这些贡茶，有些是由皇帝亲自选定的。如洞庭碧螺春茶，是康熙第三次南巡时御赐茶名；西湖龙井，是乾隆下江南时封的御茶；其他还有君山毛尖、贵定云雾茶、福建西天山芽茶、安徽敬亭绿雪、四川蒙顶甘露等。

皇室所用茶具不论材质、工艺，在历朝历代都极具特色与观赏性

此为清时（1644～1911）的掐丝珐琅缠枝莲茶具，清宫内院初期以调饮（奶茶）为主，后期才逐渐改为清饮

008. 中国有哪些茶区

中国茶区分布辽阔，从地理上看，东起东经122°的台湾省东部海岸，西至东经95°的西藏自治区易贡，南自北纬18°的海南岛榆林，北到北纬37°的山东省荣成市，东西跨经度27°，南北跨纬度19°。茶区地跨中热带、边缘热带、南亚热带、中亚热带、北亚热带和暖日温带。在垂直分布上，茶树最高种植在海拔2600米的高地上，而最低仅距海平面几十米或百米。

茶区囊括了浙江、湖南、湖北、安徽、四川、福建、云南、广东、广西、贵州、江苏、江西、陕西、河南、台湾、山东、西藏、甘肃、海南等省区的上千个县市。

在不同地区，生长着不同类型、不同品种的茶树，决定着茶叶的品质及其适制性和适应性

由于我国茶区辽阔，品种丰富，产地地形复杂，茶区划分采取三个级别：一级茶区，系全国性划分，用以宏观指导；二级茶区，系由各产茶省区划分，进行省区内生产指导；三级茶区，系由各地县划分，具体指挥茶叶生产。

按照一级茶区的划分，中国茶区可分为四大块：江北茶区、西南茶区、华南茶区和江南茶区。

【江北茶区】

南起长江，北至秦岭、淮河，西起大巴山，东至山东半岛，包括甘南、陕西、鄂北、豫南、皖北、苏北、鲁东南等地，是我国最北的茶区。茶区多为黄棕土，酸碱度略高，气温偏低，茶树新梢生长期短，冻害严重。因昼夜温度差异大，茶树自然品质好，适制绿茶，香高味浓。

【西南茶区】

米仓山、大巴山以南，红水河、南盘江、盈江以北，神农架、巫山、方斗山、武陵山以西，大渡河以东的地区，包括黔、川、滇中北和藏东南。茶区地形复杂，多为盆地、高原。各地气候差异较大，但总体水热条件良好。整个茶区冬季较温暖，降水较丰富，适宜茶树生长。

【华南茶区】

位于大樟溪、雁石溪、梅江、连江、浔江、红水河、南盘江、无量山、保山、盈江以南，包括闽、台、粤、琼、桂、滇南。茶区水热资源丰富，土壤肥沃，多为赤红壤。茶区高温多湿，四季常青，茶树资源极其丰富。

【江南茶区】

长江以南，大樟溪、雁石溪、梅江、连江以北，包括湘、浙、赣、鄂南、皖南、苏南等地。江南茶区大多是低山丘陵区，多为红壤，酸碱度适中，有自然植被，土层肥沃，气候温和，降水充足。茶区资源丰富，历史名茶甚多，如西湖龙井、君山银针、洞庭碧螺春、黄山毛峰，等等，享誉国内外。

茶区	位 置	土壤/地形	气 候	茶 产
江北茶区	甘南、陕西、鄂北、豫南、皖北、苏北、鲁东南等地	酸碱度略高的黄棕土，地形复杂	气温低、雨量少，昼夜温差大	品质优良，适制绿茶，香高味浓
西南茶区	黔、川、滇中北和藏东南	地形复杂，多为盆地、高原	气候条件各异，水热条件好	适宜茶树生长
华南茶区	闽、台、粤、琼、桂、滇南	土壤肥沃，多为赤红壤	高温多湿，四季常青	茶树资源极其丰富
江南茶区	湘、浙、赣、鄂南、皖南、苏南等地	低丘山地，土壤酸碱度适中	四季分明，气候温和，降水充足	茶区资源丰富，历史名茶甚多

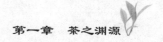

我国不同省份名茶分布

省 份	名 茶
浙江省	西湖龙井、顾渚紫笋、安吉白片、余杭径山茶、缙云惠明茶、普陀山云雾茶等
江苏省	洞庭碧螺春、南京雨花茶、宜兴阳羡雪芽等
江西省	庐山云雾茶、上饶白眉、婺源茗眉等
安徽省	黄山毛峰、歙县老竹大方、休宁松萝、六安瓜片、太平猴魁、宣城敬亭绿雪、祁门功夫红茶等
陕西省	西乡午子仙毫等
河南省	信阳毛尖等
湖北省	恩施玉露、当阳仙人掌茶等
湖南省	岳阳君山银针等
四川省	蒙顶甘露、峨眉山竹叶青等
云南省	滇红功夫、云南沱茶、七子饼茶等
贵州省	都匀毛尖等
广西壮族自治区	南山白毛茶、广西红碎茶、苍梧六堡茶等
广东省	凤凰单枞、广东大叶青茶等
福建省	南安石亭绿、白毫银针、白牡丹、安溪铁观音、安溪黄金桂、武夷岩茶、闽北水仙、闽北肉桂、崇安大红袍、崇安铁罗汉、崇安白鸡冠、崇安水金龟等
台湾省	冻顶乌龙、文山包种茶等

 009. 我国著名的茶典有哪些

我国对茶的研究有着悠久的历史，不仅为人类提供了茶树种植生产的相关技术，也留下了很多记录茶叶的书籍和文献。

在我国的茶叶历史上，有很多专门研究茶叶的人员，也有许多爱茶人，他们所留下的书籍和文献中记录了大量茶史、茶事、茶人、茶叶生产技术、茶具等内容，而这些书籍和文献被后人统称为茶典。我国著名的茶典有:《茶经》《十六汤品》《茶录》《大观茶论》《茶具图赞》《茶谱》《茶解》等。

多数人的生活都较为清苦

以茶为友

不少古人将自己有关茶的经历和见闻记录下来，做成专门论述茶叶的书籍和文献

【我国第一部鉴水专著——《煎茶水记》】

《煎茶水记》是唐代张又新的著作，此书在陆羽的《茶经·五之煮》基础上加以发挥，重点阐述了对水品的分析。此书全文仅仅九百余字，前半部分列举了刘伯刍所品的"七水"，后半部分列举了陆羽所品的"二十水"。

此书中将刘伯刍所说的"七水"加以扩大，品评为:庐山康王谷水帘第一、无锡惠山寺石泉水第二、蕲州兰溪石下水第三、峡州扇子山下石水第四、苏州虎丘寺石泉水第五、庐山招贤寺下方桥潭水第六、扬子江南泠水第七、洪州西山之西东瀑布水第八、唐州桐柏县淮水源第九、庐州龙池山岭水第十、丹阳观音寺石泉水第十一、扬州大明寺石泉水第十二、汉江金州上游中泠水第十三、归州玉虚洞下香溪水第十四、商州武关西洛水第十五、吴淞江水第十六、天台山西南峰千丈瀑布水第十七、郴州圆泉水第十八、桐庐严陵滩水第十九、雪水第二十。书中对煮茶的水论述得十分详尽，并补充了《茶经》中对水的论述，为后人对煮茶水的鉴别、研究提供了根据。

张又新，唐朝人，一生颇沛，尤嗜饮茶，对煮茶用水颇有心得。其所著的《煎茶水记》是我国第一部专门评述煮茶用水的鉴水专著

【最早的宜茶汤品专著——《十六汤品》】

《十六汤品》是苏廙所著，苏廙约为晚唐五代或五代宋初人，是著名的候汤家、点茶家。

《十六汤品》全书只有一卷，书中认为汤决定了茶的优劣，书中根据陆羽《茶经》中茶的煮法，将汤分为十六种。书中将口沸程度分为三种，注法缓急分为三种，茶器种类分为五种，薪炭燃料分为五种，总计十六汤品。

《十六汤品》是茶书中的冷门书，在固型茶被淘汰后，汤的神秘性也被破除，人们对汤的研究就不多了，但是《十六汤品》是最早的宜茶汤品，为后来的汤品研究提供了依据，对茶道的贡献是不可抹杀的。

注汤的缓急　汤的老嫩程度　薪材　煮汤器具

《十六汤品》的出现说明人们已经由宏观茶学逐渐向更细微的微观茶学探寻、过渡

【宋代茶书代表作——《茶录》《大观茶论》】

《茶录》是宋代蔡襄所著。这部书分上下两篇，共八百多字。上篇论茶，下篇论茶器，侧重于烹制的方法。

《茶录》上篇中，主要叙述了茶的色、香、味，茶的储存，以及炙茶、碾茶、罗茶、候汤、熁盏、点茶。在论述茶香时，书中说茶不适合掺杂其他珍果香草，否则会影响茶本身的香味。书中还指出茶叶的香味受到产地、水土、环境等影响。下篇论述茶器，主要是茶焙、茶笼、砧椎、茶钤、茶碾、茶罗、茶盏、茶匙和汤瓶。书中从制茶工具、品茶器具等方面进行论述，都是值得后人借鉴的。

《大观茶论》共十二篇，主要是关于茶的各方面的论述。书中针对北宋时蒸青团茶的产地、采制、烹制、品质、斗茶风尚等进行了论述，内容详尽，论述精辟，是宋代茶书的代表作品之一，对宋代的茶品研究有很大的影响。其中，"点茶"一章尤为突出，论

《大观茶论》是宋徽宗赵佶的著作。他虽不善理政，却在书画、茶学上造诣颇深

述深刻，从这方面我们可以看出宋代对茶叶的研究已经达到一个较高的水平，对后世研究宋代的茶道提供了宝贵资料。

【我国第一部茶具专著——《茶具图赞》】

《茶具图赞》是宋朝审安老人的著作，书中主要介绍了十二种宋代的茶具，并配以图片，且在每幅图的后面都加上了赞语，因此书名为"茶具图赞"，这也是我国第一部茶具的专著。以往的茶书只是将茶具列为一部分，这部书单单研究茶具，写得很精细。

书中的茶具有韦鸿胪、木待制、金法曹、石转运、胡员外、罗枢密、宗从事、漆雕秘阁、陶宝文、汤提点、竺副帅、司职方，分别是现代的茶炉、茶槌、茶碾、石磨、茶匙、茶筛、茶刷、茶盘、茶杯、茶壶、茶筅、茶巾。其中茶槌、石磨、茶筛等是宋代制造团茶的专用器具，

到明朝时这些器具就没有了。

《茶谱》中首次提出茶乃君子修身养性之物的见解

《茶解》的出世完全取决于个人脱离尘嚣之外的另一番实践与体悟

书中卷端自称"八十翁",后人揣测实为暮年借以寄意汇编而成

【明代茶书代表作——《茶谱》《茶解》】

《茶谱》一书是明代朱权所著,是明代比较有特色的一部茶典,也是研究明代茶业的重要文献。朱权,明太祖朱元璋的十七子,号涵虚子、丹丘先生,谥号宁献王。全书共分十六章,分别是序、品茶、收茶、点茶、茶炉、茶灶、茶磨、茶碾、茶罗、茶架、茶匙、茶筅、茶瓯、茶瓶、煎汤法、品水。书中记述详尽,内容丰富,涉及茶的很多方面,是一部参考价值很高的书,对后人的研究也有较大的影响。

《茶解》是明朝人罗廪所著,其自幼生长在茶乡,从小就深受茶文化的熏陶,喜爱茶艺。他生活的年代政治腐败,社会黑暗,而他对现实不满,于是隐入山中,专心研究茶艺。他开辟茶园,种植茶树,制造茶叶,鉴赏茶品,过着清心寡欲的生活,经过十年的时间,他以自己的亲身经历,再总结前人的经验,终于写成了《茶解》一书。

《茶解》一书,对茶文化的传播有着很重要的作用,对后世的影响也很大,是众多茶典中的一部重要著作。

【清代著名的茶代表作——《茶史》】

《茶史》是清代刘源长所著,是清代著名的关于茶的代表作品。全书共两卷,30 个子目,上卷主要罗列茶的渊源、名品、采制、储藏以及历代名人雅士对茶学的论述与评鉴;下卷则主要记述了在品鉴过程中所需了解的众多常识与古今名家的谏言,如选水、择器、茶事、茶咏等。

书中竭尽其能汇总了大量有关茶学方面的内容,对后人的研究起到一定的指导、推动作用,但由于过于繁杂而略显混乱。

010. 世界上第一部茶叶专著是什么

《茶经》是唐代大师陆羽经过对中国各大茶区茶叶种植、采制、品质、烹煮、饮用及茶史、茶事、茶俗的多年研究，总结而成的一套关于茶的精深著作。全书共 7000 多字，分上、中、下三卷，所论一之源、二之具、三之造、四之器、五之煮、六之饮、七之事、八之出、九之略、十之图，共十大部分。书中对中国茶叶的历史、产地、功效、栽培、采制、烹煮、饮用、器具等都做了详细叙述。在此之前，中国还没有这么完备的茶叶专著，因此，《茶经》是中国古代第一部，同时也是最完备的一部茶叶专著。

一之源，讲茶的起源、性状；二之具，讲采茶制茶的工具；三之造，讲茶的品种及采制方法；四之器，讲煮茶、饮茶的器具；五之煮，讲煮茶方法及论水；六之饮，讲饮茶风俗及历史；七之事，讲茶事、产地、功效等；八之出，讲唐代重要茶区的分布及各地茶叶的优劣；九之就，讲根据实际情况对采茶、制茶用具的灵活应用；十之图，讲教人用绢素写茶经。

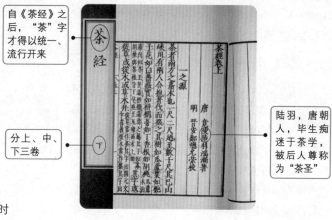

自《茶经》之后，"茶"字才得以统一、流行开来

分上、中、下三卷

陆羽，唐朝人，毕生痴迷于茶学，被后人尊称为"茶圣"

011. 我国古代著名的茶人有哪些

"茶人"一词，历史上最早出现于唐代，单指从事茶叶采制生产的人，后来也将从事茶叶贸易和科研、教化宣讲的人统称为茶人。

现代茶人分为三个类型：①专业从事茶叶生产和研究的人，包括种植、采制、检验、生产、流通、科研等人员。②和茶业相关的人，包括茶叶器具的研制、茶叶医疗保健、茶文化宣传、茶艺表演等有一定专业技能的人员。③爱茶的人，包括喜爱饮茶的人、喜爱茶叶的人等。

古往今来有很多茶人，他们或精于茶学，或专于制茶，或单喜爱饮茶，为茶文化的发展提供着源源动力

【诗僧——皎然】

皎然，字清昼，唐代著名诗僧。皎然博学多识，诗文清新秀丽，其不仅是一个僧人、诗人，还是个茶人。他和陆羽是忘年之交，两人时常一起探讨茶艺，他所提倡的"以茶代酒"风气，对唐代及后世的茶文化有很大的影响。皎然喜爱品茶，也喜欢研究茶，在《顾渚行寄裴方舟》一诗中，详细地记录了茶树的生长环境、采收季节和方法、茶叶的品质等，是研究当时湖州茶事的重要资料。

寄情于茶，诗含茶意

蕴茶于笔，佳篇送出

皎然的诗清新脱俗，有着鲜明的艺术风格，对唐代中晚期的咏茶诗歌影响颇深

【"别茶人"——白居易】

白居易，字乐天，号香山居士，唐代著名的现实主义诗人。白居易一生嗜茶，几乎从早到晚茶不离口。他在诗中不仅提到早茶、中茶、晚茶，还有饭后茶、寝后茶，是个精通茶道、鉴别茶叶的行家。白居易喜欢茶，他用茶来修身养性，交朋会友，以茶抒情，以茶施礼，从他的诗中可以看出，他品尝过很多茶，但是最喜欢的是四川蒙顶茶。

他的别号是"别茶人"，他在《谢李六郎中寄新蜀茶》一诗中说："故情周匝向交亲，新茗分张及病身。红纸一封书后信，绿芽十片火前春。汤添勺水煎鱼眼，末下刀圭搅曲尘。不寄他人先寄我，应缘我是别茶人。"

白居易嗜好诗、酒、茶、琴，曾作《谢李六郎中寄新蜀茶》送友，以表感激之情

生于乱世的白居易常以茶来宣泄郁闷，在诗中"从心到百骸，无一不自由""虽被世间笑，终无身外忧"，茶所带来的无尽妙处也是他爱茶的原因之一

【"茶仙"——卢仝】

卢仝，唐代诗人，著有《茶谱》，被世人尊称为"茶仙"，他写的诗浪漫唯美。卢仝喜好品茶，他著的《走笔谢孟谏议寄新茶》传唱千年，脍炙人口，尤其是"七碗茶歌"之吟："一碗喉吻润，二碗破孤闷。三碗搜枯肠，唯有文字五千卷。四碗发轻汗，平生不平事，尽向毛孔散。五碗肌骨清，六碗通仙灵。七碗吃不得也，唯觉两腋习习清风生。"他的"七碗茶歌"不仅在国内广泛流传，而且在日本也广为传颂，并演变为茶道："喉吻润、破孤闷、搜枯肠、发轻汗、肌骨清、通仙灵、清风生"。日本人对卢仝十分崇敬，经常把他和"茶圣"陆羽相提并论。

【诗人——欧阳修】

欧阳修的一生,在官场上有四十一年,期间起伏跌宕,但是他始终坚守自己的情操,具有好茶一样的品格。他在晚年曾写道:"吾年向老世味薄,所好未衰惟饮茶。"从中可以看出他对官场沉浮的感叹,也表达了自己嗜茶的爱好。

欧阳修写茶的诗并不是很多,但却都很精彩,他还为蔡襄的《茶录》作了序。他喜欢双井茶,因此做了一首《双井茶》的诗,诗中描写了双井茶的特点以及茶和人品的关系。此诗为:"西江水清江石老,石上生茶如凤爪。穷腊不寒春气早,双井芽生先百草。白毛囊以红碧纱,十斤茶养一两芽。长安富贵五侯家,一啜犹须三月夸。宝云日注非不精,争新

《采桑子·画船载酒西湖好》,欧阳修所题,其是北宋著名政治家、文学家,唐宋八大家之一

弃旧世人情。岂知君子有常德,至宝不随时变易。君不见建溪龙凤团,不改旧时香味色。"

欧阳修和北宋诗人梅尧臣有着很深的友谊,他们经常在一起品茗作对,欧阳修作了一首《尝新茶呈圣俞》送给梅尧臣,诗中赞美了建安龙凤团茶,从诗中可以看出,欧阳修认为品茶需要水甘、器洁、天气好,而且客人也要志同道合,这才是品茶的最高境界。

【书法家——蔡襄】

蔡襄,字君谟,是宋代的著名书法家,被世人评为"行书第一,小楷第二,草书第三",和苏轼、黄庭坚、米芾共称为"宋四家"。他是宋代茶史上一个重要的人物,著有《茶录》一书,该书自成一个完整体系,是研究宋代茶史的重要依据。

龙凤茶原本为一斤八饼,蔡襄任福建转运使后,改造为小团,即一斤二十饼,名为"上品龙茶",这种茶很珍贵,欧阳修曾对它有很详细的叙述,这是蔡襄对茶业的伟大贡献之一。在当时,小龙凤茶是朝廷的珍品,很多朝廷大臣和后宫嫔妃只能观其形貌,而不能亲口品尝,可见其珍贵性。

《渑水燕谈录》曾评说:"一斤二十饼,可谓上品龙茶。仁宗尤所珍惜。"

龙凤茶是宋代最著名的茶,有"始于丁谓,成于蔡襄"的说法

【东坡居士——苏轼】

在苏轼的日常生活中,茶是必不可少的,一天中无论做什么事都要有茶相伴。苏轼的诗中有很多关于茶的内容,这些流传下来的佳作脍炙人口,从中也可以看出他对茶的喜爱。

他在《留别金山宝觉圆通二长老》一文中写道"沐罢巾冠快晚凉,睡余齿颊带茶香",这是

饮茶过程中所追求的自然、恬淡意境极符合苏轼的脾性，弥漫的茶香总能冲淡阴霾，激起万丈豪情

黄庭坚书法气势磅礴，被后人所敬仰、效仿

早年嗜酒和茶，后因病而戒酒，唯有借茶以怡情，故称茶为故人

说睡前要喝茶；在《越州张中舍寿乐堂》一文中有"春浓睡足午窗明，想见新茶如泼乳"，说的是午睡起来要喝茶；在《次韵僧潜见赠》中提到"簿书鞭扑昼填委，煮茗烧栗宜宵征"，这是说在挑灯夜战时要饮茶。当然，在平日填诗作文时，茶更是少不得的意象。

苏轼虽然官运不顺畅，可是因为数次被贬，到过的地方很多，在这些地方，他总是寻访当地的名茶，品茗作诗。苏轼在徐州当太守时，有一次夏日外出，因天气炎热，想喝茶解渴解馋，于是就向路旁的农家讨茶，因此写了《浣溪沙》一词："酒困路长惟欲睡，日高人渴漫思茶。敲门试问野人家。"词中记录的就是当时讨茶解渴的情景。

【文学家——黄庭坚】

黄庭坚（1045～1105年）是北宋洪州分宁人（今江西修水），中国历史上著名的文学家、书法家。除了爱好书法艺术，黄庭坚还嗜茶，年少时就以"分宁茶客"而名闻乡里。

黄庭坚40岁时，曾作一篇以戒酒戒肉为内容的《发愿文》，文曰：今日对佛发大誓，愿从今日尽未来也，不复淫欲，饮酒，食肉。设复为之，当堕地狱，为一切众生代受头苦。此后二十年，黄庭坚基本上依自己誓言而行，留下了一段以茶代酒的茶人佳话。

除了饮茶，黄庭坚还是一位弘扬茶文化的诗人，涉及摘茶、碾茶、煎水、烹茶、品茗及咏赞茶功的诗和词比比皆是，现今尚有十首流传于世的茶诗，如赠送给苏东坡的《双井茶送子瞻》。双井茶从此受到朝野大夫和文人的青睐，最后还被列入朝廷贡茶，奉为极品，盛极一时。

【大宋皇帝——赵佶】

宋徽宗，即赵佶，是宋神宗的十一子。赵佶在位期间，政治腐朽黑暗，可以说他根本就没有治国才能，但是他精通音律、书画，对茶艺的研究也很深。他写有《大观茶论》一书，这是中国历史上唯一一本由皇帝撰写的茶典。

《大观茶论》内容丰富，见解独到，从书中可以看出北宋的茶业发达程度和制茶技术的发展状况，是研究宋代茶史的重要资料。《大观茶论》中，还记录了当时的贡茶和斗茶活动，对斗茶的描述很详尽，从中可以看出宋代皇室热衷于斗茶，这也是宋代茶文化的重要特征。

【爱国诗人——陆游】

陆游，字务观，号放翁，宋代爱国诗人。他是一位嗜茶诗人，和范成大、杨万里、尤袤并称为"南宋诗词四大家"。他的诗词中有关茶的多达 320 首，是历史上写茶诗词最多的诗人之一。

陆游生于茶乡，出任茶官，晚年又隐居茶乡，他的一生都和茶息息相关。他的茶诗词，被认为是陆羽《茶经》的序，可见他对茶的喜爱和研究是很深厚的。在日常生活中，陆游喜欢亲自煮茶，他的诗文中，有很多记录煮茶心情的诗句，比如"归来何事添幽致，小灶灯前自煮茶"等。

茶韵中的风雅不仅与陆游脾性相似，更是他创作诗词的源泉

【教育家——朱熹】

淳熙十年，朱熹在武夷山兴建武夷精舍，开门收徒，传道授业。此处也是他与朋友聚会的场所，他和朋友在这里斗茶品茗，吟诗作对，以茶会友，以茶论道。

据说，在武夷山居住时期，朱熹还亲自去茶园采茶，并自得其乐。《茶坂》一诗中说道："携赢北岭西，采撷供茗饮。一暖夜窗寒，跏趺谢衾枕。"还有一首《咏武夷茶》，内容为："武夷高处是蓬莱，采取灵芽于自栽。地僻芳菲镇长在，谷寒彩蝶未全来。红裳似欲留人醉，锦幛何妨为客开。咀罢醒心何处所，近山重叠翠成堆。"

朱熹，是中国继孔子之后最伟大的儒学思想代表人物，宋代著名理学家、教育家、诗人，更是一位嗜茶爱茶的智者

【宁王——朱权】

朱权，明太祖朱元璋的十七子，封宁王，对茶道颇有研究，著有《茶谱》一书。

他在《茶谱》中写道："盖羽多尚奇古，制之为末，以膏为饼。至仁宗时，而立龙团、凤团、月团之名，杂以诸香，饰以金彩，不无夺其真味。然天地生物，各遂其性，莫若叶茶。烹而啜之，以遂其自然之性也。予故取烹茶之法，末茶之具，崇新改易，自成一家。"从这段话中可以看出他对饮茶的独到见解，而从他之后，茶的饮法逐渐变成现今直接用沸水冲泡的简易形式。

他还明确指出了茶的作用：助诗兴、伏睡魔、倍清淡、中利大肠、去积热、化痰下气、解酒消食、除烦去腻等。他认为饮茶的最高境界就是："会泉石之间，或处于松竹之下，或对皓月清风，或坐明窗静牖，乃与客清淡款语，探虚立而参造化，清心神而出神表。"

【书画家——郑板桥】

郑板桥，清代著名书画家，精通诗、书、画，号称"三绝"，是"扬州八怪"之一。书画作品擅以竹、兰、石为题，将茶情与创作之趣、人生之趣融为一体，雅俗共赏，率真洒脱，为后人称道。

郑板桥一生爱茶，无论走到哪里，都要品尝当地的好茶，也会留下茶联、茶文、茶诗等作品。在四川青城山天师洞，有郑板桥所写的一副楹联："扫来竹叶烹茶叶，劈碎松根煮菜根。"他 40 多岁时，到仪征江村故地重游，在家书中写道："此时坐自水阁上，烹龙凤茶，烧夹剪香，令友人吹笛，作《落梅花》一弄，真是人间仙境也。"从这些诗作中可以看出他对茶的喜爱。

墨兰数枝宣德纸，苦茗一杯成化窑。——正是郑板桥对恬淡的人生情怀不懈追求的真实写照

【《红楼梦》作者——曹雪芹】

中国古典名著《红楼梦》不愧是一部百科全书，其中涉及茶事的文段就有 260 多处，出现"茶"字四五百次，涉及龙井茶、普洱茶、君山银针、六安茶、老君眉等名茶，众多茶俗不仅反映了贡茶在清代上层社会的广泛性，也体现出作者曹雪芹对茶事、茶文化的深刻理解。正所谓"一部《红楼梦》，满纸茶叶香。"

出身名门世家的曹雪芹亲历家族在统治阶级的内部斗争中沦落

【大清皇帝——乾隆】

中国历代皇帝中，恐怕很少有人像清代的乾隆那样喜茶好饮，为茶取名、吟诗、作文，还自创了评鉴饮茶用水的方法。乾隆曾六次南巡，遍访各地名泉佳茗，对茶叶采制、烹煮都有着独到的心得体验。乾隆曾用自己的方法亲自鉴定各地名泉的水品，通过特制的银斗量水质的轻重来分优劣，他认为水质轻的品质最好，并得出结论，北京海淀镇西面的玉泉水为第一。因此，乾隆每次出行必带玉泉水。

乾隆是中国历代皇帝中最长寿的皇帝之一，自称"十全老人"

012. 茶祖是谁

中国有六大茶山，其中之一就是公明山，又叫孔明山。当地的人们还把茶树称为"孔明树"，把孔明（即诸葛亮）封为"茶祖"，并在每年诸葛亮诞辰的那天举行祭茶仪式——"茶祖会"，赏月歌舞，放孔明灯，祭拜诸葛亮。

至于人们为什么在祭茶仪式上祭奠孔明，还要从诸葛亮的茶事说起。

【诸葛亮祭茶】

刘备三顾茅庐后，诸葛亮出山帮助刘备光复汉室。当时天下大乱，群雄割据，边关不安。头顶光复汉室的大业，诸葛亮身为丞相，事无巨细都要亲自过问，不久便积劳成疾。由于政务繁忙，诸葛亮无心养病，身体一天天衰弱下去。一晚，诸葛亮梦见一位神秘老人，他为自己指明治病良方，即取定军山千年古茶树之嫩叶焙制泡饮。诸葛亮按照梦中指示泡茶，几天后疾病渐愈，大脑反应更快，变得更聪明，操劳政务也不觉得劳累。为了感谢茶树的恩德，诸葛亮亲往茶山设坛，拜祭茶树除疾迪智之功。

【煎茶岭】

诸葛亮为了团结周围各族共同对付曹魏大军，在勉县去略阳的一座山上设坊煮茶，经常派使者邀军力强大且驻宁羌兴州的羌氏族首领上山品茶议事。在茶坊中，诸葛亮与羌氏族首领谈茶论道，借谈"茶性和中"的特点，谋求合作之道。羌氏族首领在品茶中享受到人生之快，同时又佩服诸葛亮的人品与才干，于是一同合作，还亲自率领大军归蜀汉，共同北伐。为了庆祝合作的成功，诸葛亮赐其山名为"煎茶岭"，一直流传至今，成为诸葛亮以茶睦邻的见证。

西南地区是我国很多少数民族的聚居地。为了稳定政局，诸葛亮亲自到少数民族聚居地治乱安民。西南地区平定之后，诸葛亮大喜，以手中拐杖顿地感叹，不料手杖定根不拔。一年后，拐杖发枝萌芽，长出叶片。诸葛亮叫士兵采叶煮水喝，士兵的眼疾就好了。由于西南地区生存环境恶劣，诸葛亮从庆甸王处购得 8 驮茶籽随军运回蜀地播种，并嘱托驻守西南的士兵兴茶、种茶，靠种茶、卖茶维持生活。茶叶就这样成为汉人与少数民族交换商品、交流文化的媒介，百姓也从种茶、饮茶中悟出道和文明。西南夷人正是在茶的熏陶下，得以教化和进步，治安开始稳定。经过世代的教诲，至今当地人仍认为，汉中才是世界茶叶之源。

第二章

茶 之 分类

 013. 茶分为几类

茶是一种可以冲泡成饮料的植物，茶叶从中国走向世界，早已成为世界饮料市场"三分天下有其一"的重要品种。世界茶叶市场竞争日益激烈，20世纪90年代以来，各主要茶叶生产消费国都不断出现新的经营方式。

中国是茶叶的故乡，有二十个产茶省、八千万茶农，是名副其实的产茶大国。按茶叶加工工艺的不同，可分为绿茶、红茶、青茶、白茶、黄茶、黑茶六大茶类。

 014. 什么是绿茶

绿茶，属不氧化茶，是以适宜茶树的新梢为原料，经过杀青、揉捻、干燥等传统工艺制成的茶叶。由于干茶的色泽和冲泡后的茶汤、叶底均呈绿色，因此称为绿茶。

绿茶是历史上最早的茶类，古代人类采集野生茶树芽叶晒干收藏，可以看作是绿茶加工的发始，距今已有三千多年。绿茶为我国产量最大的茶类，产区分布于各省，其中以浙江、安徽、江西三省产量最高，质量最优，是我国绿茶生产的主要基地。中国的茶叶中，绿茶名品最多，如西湖龙井、洞庭碧螺春、黄山毛峰、信阳毛尖等。

嫩绿的叶芽

汤色清雅

绿茶较多地保留了鲜叶内的天然物质，茶多酚、咖啡碱保留了原有成分85%以上，叶绿素保留50%左右

◆ **分类**

【蒸青绿茶】

蒸青绿茶是我国古人最早发明的一种茶类。据陆羽在《茶经》中记载，其制法为："晴，采之，蒸之，捣之，拍之，焙之，穿之，封之，茶之干矣。"即将采来的新鲜茶叶，经过蒸青软化后，揉捻、干燥、碾压、塑形而成。蒸青绿茶的香气较闷，且带青气，涩味也较重，不如炒青绿茶鲜爽。南宋时期佛家茶仪中所使用的"抹茶"，即是蒸青的一种。

蒸青法制成的干茶叶，色泽深绿。

【炒青绿茶】

自唐代起，我国便采用蒸气杀青的方法制造团茶；宋代改为蒸青散茶；明代，我国发明了炒青制法，此后便逐渐淘汰了蒸青。

蒸青绿茶加工过程是：鲜叶→杀青→揉捻→干燥。干燥的方法有很多，用烘干机或烘笼烘干，有的用锅炒干，有的用滚筒炒干。炒青绿茶，因干燥方式采用"炒干"的方法而得名。

由于在干燥过程中受到的作用力不同，使茶形成了长条形、圆珠形、扁平形、针形、螺形等不同的形状，分别称为长炒青、圆炒青、扁炒青等。长炒青形似眉毛，又称为眉茶，条索紧结，色泽绿润，香高持久，滋味浓郁，汤色、叶底黄亮；圆炒青形如颗粒，又称为珠茶，具有圆紧如珠、香高味浓、耐泡等品质特点；扁炒青又称为扁形茶，具有扁平光滑、香鲜味醇的特点。

龙井茶、雨花茶、平水珠茶、碧螺春皆是炒青绿茶。

手工揉搓、捻压使其外观呈扁形

茶叶内部的精华与香气得以保留

> 极品西湖龙井，外形扁平光滑，苗锋尖削，色泽嫩绿，随着茶的品质级别的下降，外形色泽有着由嫩绿→青绿→墨绿的细微变化

【烘青绿茶】

烘青绿茶，因其采取烘干的方式使绿茶干燥而得名。烘青绿茶，又称为茶坯，主要用于窨制各类花茶，如茉莉花、白兰花、玳玳花、珠兰花茶、金银花、槐花等。

烘青绿茶产区分布较广，产量仅次于眉茶。以安徽、浙江、福建三省产量较多，其他产茶省也有少量生产。烘青绿茶除了用于窨制花茶之外，也可作为素烘青直接在市场上售卖。素烘青的特点是外形完整、稍弯曲，锋苗显露，翠绿鲜嫩；香清味醇，有烘烤之味；其汤色叶底均黄绿清亮。烘青工艺是为提香所为，适宜鲜饮，不宜长期存放。

> 烘青绿茶是用烘笼进行烘干的，经加工精制后多用于窨制花茶

◆绿茶怎样冲泡

☆洗净茶具：茶具可以是瓷杯子，也可以是透明的玻璃杯子，透明的杯子更便于欣赏绿茶的外形和质量。

☆赏茶：在品茶前，要先观察茶的色泽和形状，感受名茶的优美外形和工艺特色。

☆投茶：投茶有上投法、中投法和下投法三种，根据不同的茶选用不同的投法。

☆泡茶：一般用 80 ～ 90℃的水冲泡茶。

☆品茶：在品茶时，适合小口慢慢吞咽，让茶汤在口中和舌头充分接触，要鼻舌并用，品出茶香。

015. 什么是红茶

外形苗秀、色有"宝光"、香气浓郁

红汤、红叶、香甜味醇都是红茶的主要特征

浓稠浓烈、清透鲜亮

品种：祁门红茶
产地：我国安徽省祁门县及其周边

品种：阿萨姆红茶
产地：印度东北部、喜马拉雅山南麓的阿萨姆邦

汤色橙红明亮，上品的汤面有金黄色的光圈

汤色橙黄，气味芬芳高雅，带有葡萄香

品种：大吉岭红茶
产地：印度孟加拉邦北部喜马拉雅山麓的大吉岭高原

品种：锡兰高地红茶
产地：斯里兰卡

红茶是在绿茶茶坯的基础上经过氧化而成，即以适宜的茶树新芽为原料，经过晾青、揉捻、发酵、干燥等工艺制作而成。制成的红茶，其鲜叶中茶多酚减少 90% 以上，新生出茶黄素、茶红素以及香气物质等成分，因其干的色泽和冲泡的茶汤以红色为主调，故名红茶。

红茶的发源地为我国的福建省武夷山茶区。自 17 世纪起，西方商人成立东印度公司，用茶船将红茶从我国运往世界各地，深受不同国度王室贵族的青睐。红茶是我国第二大出产茶类，出口量占我国茶叶总产量的 50% 左右，销往世界 60 多个国家和地区。

尽管世界上的红茶品种众多，产地很广，但多数红茶品种都是由我国红茶发展而来。世界四大红茶分别为祁门红茶、阿萨姆红茶、大吉岭红茶和锡兰高地红茶。

◆红茶怎样冲泡

红茶和绿茶一样，一般在冲泡2~3次后，就要废弃，重新投茶叶；如果是红碎茶，则只适合冲泡一次

（1）准备茶具：
将泡茶用的水壶、杯子等茶具用水清洗干净。
（2）投茶：
如用杯子，放入 3 克左右的红茶即可；如用茶壶，则参照 1：50 的茶和水的比例。
（3）冲泡：
需用沸水，冲水约至八分满，冲泡 3 分钟左右即可。
（4）闻香观色：
泡好后，先闻一下它的香气，然后观察茶汤的颜色。
（5）品茶：
待茶汤冷热适口时，慢慢小口饮用，用心品味。
（6）调饮：
在红茶汤中加入调料一同饮用，常见调料有糖、牛奶、柠檬片、蜂蜜等。

调料品的选择与量的把握可根据个人的口味自行调配

选用白瓷杯最好，以便观察茶的颜色

016. 什么是青茶

乌龙茶，又名青茶，属半氧化茶类，基本工艺过程是晒青、晾青、摇青、杀青、揉捻、干燥，因其创始人苏龙（绰号乌龙）而得名。乌龙茶结合了绿茶和红茶的制法，其品质特点是既具有绿茶的清香和花香，又具有红茶醇厚的滋味。

乌龙茶的主要产地在福建、广东、台湾三个省。名品有铁观音、黄金桂、武夷大红袍、武夷肉桂、冻顶乌龙、闽北水仙、奇兰、本山、毛蟹、大叶乌龙、凤凰单枞、凤凰水仙、岭头单枞、台湾乌龙等。

香气清雅、滋味醇厚甘鲜

产自福建安溪的铁观音茶，茶条肥壮卷结、色泽砂绿

乌龙茶是中国茶类中具有鲜明特色的品种，由宋代贡茶龙凤团茶演变而来，创制于清朝雍正年间。其药理作用表现在分解脂肪、减肥健美等方面。在日本被称为"美容茶""健美茶"。

◆青茶怎样冲泡

（1）准备茶具：

准备好茶壶、茶杯、茶船等泡茶工具，并清洗干净。

（2）投茶：

投茶量要按照茶与水 1 : 30 的比例。

（3）冲泡：

将沸水冲入茶壶中，至壶满即可，用壶盖将泡沫刮去，冲水时要高冲，可以使茶叶迅速流动，茶味出得快；将盖子盖上，用开水浇茶壶。

（4）斟茶：

茶在泡过大约 2 分钟后，均匀地将茶低斟在各茶杯中。斟过之后，将壶中剩余的茶水在各杯中点斟。

（5）品饮：

小口慢饮，可以体会出其"香、清、甘、活"的特点。

以沸水冲刷壶盖，既可以提高壶的温度，又可以起到清洗茶壶的作用

斟茶时注意要低斟，这样可以避免茶香散发，影响味道

"一杯苦，二杯甜，三杯味无穷"，这是乌龙茶品饮时独有的味道

017. 什么是白茶

白茶是中国六大茶类之一，为福建的特产，主要产区在福鼎、政和、松溪、建阳等地。基本工艺是萎凋、烘焙（或阴干）、拣剔、复火等工序。白茶的制法既不破坏酶的活性，又不促进氧化作用，因此具有外形芽毫完整、满身披毫、毫香清鲜、汤色黄绿清澈、滋味清淡回甘的品质特点。它属于轻微氧化茶，是我国茶类中的特殊珍品，因其成品茶多为芽头，满披白毫，如银似雪而得名。

白茶因茶树品种、鲜叶采摘的标准不同，可分为叶茶（如白牡丹、新白茶、贡眉、寿眉）和芽茶（如白毫银针）。其中，白牡丹是采自大白茶树或水仙种的短小芽叶新梢的一芽二叶制成的。

白毫密披，
色白如银

外形粗壮，
挺直如针

白毫银针是白茶中最名贵的品种，其香气清新，汤色杏黄，滋味鲜爽

白毫银针是用采自大白茶树的肥芽制成，制作工艺虽简单，但对细节要求极高

◆白茶怎样冲泡

赏茶时，白茶白毫银针外形宛如一根根银针，给人以美感

因为白茶没有经过揉捻，所以茶汁很难浸出，滋味比较淡，茶汤也比较清，茶香相较其他茶叶没有那么浓烈

（1）准备茶具：

在选择茶具时，最好用直筒形的透明玻璃杯。

（2）赏茶：

在冲泡之前，要先欣赏一下茶叶的形状和颜色，白茶的颜色为白色。

（3）投茶：

白茶的投茶量大约2克即可。

（4）冲泡：

一般用70℃的开水，先在杯子中注入少量的水，大约淹没茶叶即可，待茶叶浸润大约10秒后，用高冲法注入开水。

（5）品饮：

待茶泡大约3分钟后即可饮用，要慢慢、细细品味才能体会其中的茶香。

直筒形的透明玻璃杯可以使人清晰地看到杯中白茶的形状、色泽、冲泡时的姿态和变化等

018. 什么是黄茶

人们在炒青绿茶的过程中发现，由于杀青、揉捻后干燥不足或不及时，叶色会发生变黄的现象，黄茶的制法就由此而来。

黄茶属于微氧化茶类，其杀青、揉捻、干燥等工序与绿茶制法相似，关键差别就在于闷黄的工序。大致做法是，将杀青和揉捻后的茶叶用纸包好，或堆积后以湿布盖之，促使茶坯在水热作用下进行非酶性的自动氧化，形成黄色。按采摘芽叶范围与老嫩程度的差别，黄茶可分为黄芽茶、黄小茶和黄大茶三类。

"黄叶黄汤"是黄茶显著的特点

细致匀齐

采摘单芽或一芽一叶加工而成的黄芽茶

黄茶在发酵过程中，会产生大量的消化酶，对人体的脾胃功能大有好处

◆黄茶怎样冲泡

（1）准备茶具：
用瓷杯子或玻璃杯子都可以，玻璃杯子最好，可以欣赏茶叶冲泡时的形态变化。

（2）赏茶：
观察茶叶的形状和色泽。

（3）投茶：
将大约3克的黄茶投入准备好的杯子中。

（4）泡茶：
泡茶的开水要在70℃左右，在投好茶的杯子中先快后慢地注入开水，大约到1/2处即可，待茶叶完全浸透，再注入水至4/5处即可。待茶叶迅速下沉时，加上盖子，约5分钟后，将盖子去掉。

（5）品饮：
在品饮时，要慢慢啜饮，才能体味其茶香。

清洗干净后要将杯子中的水珠擦干，这样就可以避免茶叶因为吸水而降低竖立率

可观赏茶在水中沉浮、茶的姿态不断变化、气泡的发生等

泡茶时，茶叶在经过数次浮动后，最后个个竖立，称为"三起三落"，这是黄茶独有的特色

019. 什么是黑茶

作为一种利用菌发酵方式制成的茶叶，黑茶属后发酵茶，基本工艺是杀青、揉捻、渥堆和干燥四道工序。按照产区的不同和工艺上的差别，黑茶可分为湖南黑茶、湖北老青茶、四川边茶和滇桂黑茶。最早的黑茶是由四川生产的，是绿毛茶经蒸压而成的边销茶，主要运输到西北边区，由于当时交通不便，必须减少茶叶的体积，蒸压成团块。在加工成团块的过程中，要经过二十多天的湿坯堆积，毛茶的色泽由绿变黑。黑茶中以云南的普洱茶最为著名，由它制成的沱茶和砖茶深受蒙藏地区人们的青睐。

黑茶口味浓醇，在我国云南、四川、广西等地广为流行

由于堆积发酵时间较长，叶片大多呈现暗褐色

茶叶较为粗老

◆黑茶怎样冲泡

取茶 10~15 克，将水（500 毫升）烧至一沸时，将茶投入，至水滚沸后，文火再煮两分钟，停火滤渣后，分而热饮之。此时，边品茶，边尝点心，有滋有味，真是"茶乐融融"，茶艺的精髓也即在此了。

（1）投茶：

将大约 15 克黑茶投入杯中，选用泡黑茶的专用杯，它可以实现茶水分离，更好地泡出黑茶。

（2）冲泡：

按 1：40 左右的茶水比例沸水冲泡，由于黑茶比较老，所以泡茶时，一定要用 100℃的沸水，才能将黑茶的茶味完全泡出。

（3）茶水分离：

如果用飘逸杯冲泡黑茶，直接按杯口按钮，便可实现茶水分离。

（4）品茗黑茶：

将杯中的茶水倒入茶杯，直接饮用即可。

 020. 什么是普洱茶

普洱茶，是采用绿茶或黑茶经蒸压而成的各种云南紧压茶的总称，包括沱茶、饼茶、方茶、紧茶等。产普洱茶的植株又名野茶树，在云南南部和海南均有分布，自古以来即在云南省普洱县一带集散，因而得名。普洱茶的分类，从加工程序上，可分为直接加工为成品的生普和经过人工速成发酵后再加工而成的熟普；从形制上，又分散茶和紧压茶两类。由于云南拥有常年适宜的气温及养分充足的高地土壤，因此普洱茶的营养价值颇高，被国内及海外侨胞、港澳同胞当作养生滋补珍品。

古时普洱茶饼常被制成南瓜形状，作为清朝皇室的贡品运往京城

滋味醇厚回甘，具有独特的陈香味儿

普洱茶可暖胃养气、解腻消脂，有着"茶中之茶"的赞誉

◆普洱茶怎样冲泡

普洱茶具有耐泡的特性，一般可以续冲10次以上

普洱茶的茶味不易浸泡出来，所以必须用滚烫的开水冲泡

（1）选择茶具：

一般来说，由于普洱茶浓度高，泡普洱茶要用腹大的陶壶或紫砂壶，这样可以避免茶泡得过浓。

（2）投茶：

在冲泡时，茶叶分量约占壶身的1/5。

（3）冲泡：

第一泡时，用开水冲入后随即倒出来，湿润浸泡即可；第二泡时，冲入滚烫的开水，浸泡15秒即倒出茶汤来品尝；为中和茶性，可将第二、第三泡的茶汤混着喝；第四次以后，每增加一泡，浸泡时间增加15秒钟，以此类推。

（4）品饮：

普洱茶是一种以味道带动香气的茶，香气藏在味道里，感觉较沉。

泡普洱砖茶前，如撬开放置约2周后再冲泡，味道更美

021. 什么是六堡茶

六堡茶，是指原产于广西苍梧县六堡乡的黑茶，后发展到广西二十余县种植，制茶历史可追溯到一千五百多年前，于清朝嘉庆年间被列为全国名茶。

人们白天摘取茶叶，放于篮篓中，晚上置于锅中炒至极软，等到茶叶内含黏液、略起胶时，即提取出来，趁其未冷，用器搓揉，搓之越熟，则叶越收缩而细小，再用微火焙干，待叶色转为黑色即成。六堡茶的品质要陈，存放越久品质越佳，凉置陈化是制作六堡茶过程中的重要环节。为了便于存放，六堡茶通常压制加工成圆柱状，也有制成块状、砖状，还有散状的。

六堡茶以"红、浓、陈、醇"四绝著称。
红：茶汤色泽红艳明净；浓：茶黄素、茶红素等有色物质浓厚，色如同琥珀；
陈：品质越陈越佳；醇：滋味浓醇甘和，有特殊的槟榔香气

◆ 六堡茶怎样冲泡

（1）烧水备具：

万事不能急，泡六堡茶的第一件事，先烧水。准备盖碗 1 只（容量约为 110 毫升）、六堡茶 8 克、公道杯 1 只、品茗杯数只（根据人数而定），茶道等用具可根据实际场景选用。

（2）温杯：

先将壶中的水烧开至 100℃，然后将沸水注入盖碗，并将公道杯、品茗杯等茶具一一烫洗一次，再将品茗杯中的水依次倒掉，此为温杯洁具。

（3）投茶：

一般按 8 克 /110 毫升水的茶水出茶。紧压茶处理成指甲盖大小，越薄越好；散茶则顺其自然，尽量保持干茶外形。将 8 克六堡茶置入盖碗中，也可以按照自己的口味适当增加或减少。

（4）醒茶：

提起水壶开始注水，缓慢定点将水注入盖碗，等待 5~10 秒，将水弃之不要。六堡茶（尤其是厂茶）因为渥堆发酵和存放等原因，可能带有渥堆气味和仓储储藏的气味，所以可进行 1 次润茶（洗茶）程序。

（5）冲泡出汤：

醒茶之后，再次注水冲泡即可。注水后 5 秒左右，盖上盖碗盖子，持盖碗倾斜，将茶汤倒出饮用，出汤时要注意沥尽茶汤。第 5 泡后，茶汤滋味开始稍稍减弱，所以之后的每一泡适当延长 5~10 秒的浸泡时间。出汤之后，可欣赏非常漂亮的酒红色。

 022.什么是花茶

【窨制花茶】

花茶，又称熏花茶、香花茶、香片，是中国特有的香型茶。花茶始于南宋，已有千余年的历史，最早出现在福州。它是利用茶叶善于吸收异味的特点，将有香味的鲜花和新茶一起闷，待茶将香味吸收后，再把干花筛除，花茶乃成。

明代顾元庆在《茶谱》一书中详细记载了窨制花茶的方法："诸花开时，摘其半含半放之香气全者，量茶叶多 少，摘花为茶。花多则太香，而脱茶韵；花少则不香，而不尽美。" 最常见的花茶是茉莉花茶，根据茶叶中所用的鲜花不同，还有玉兰花茶、桂花茶、珠兰花茶、玳玳花茶等。普通花茶都是用绿茶作为茶坯，也有用红茶或乌龙茶制作的。

茉莉花

绿茶

花茶"引花香，益茶味"，香味浓郁，茶汤色深，深得北方人喜爱

【工艺花茶】

工艺花茶，是采用高山茶树嫩芽和多种天然的干、鲜花为原料，经过精心的手工制作而成。其工艺复杂而讲究，外形奇特而繁多，让人在品味茶香的同时，又能欣赏杯中如画的景象，尽享典雅与情趣，且有保健作用。工艺花茶的冲泡特别讲究，要使用高透明度的耐热玻璃壶或玻璃杯。玻璃杯或壶的高度要在 9 厘米以上，直径 6~7 厘米，若使用底部为弧形的玻璃容器冲泡更佳。冲泡的开水要达到沸点，刚烧开的水为佳。

观赏工艺花茶，以平视为最佳角度，其次是呈 45°角俯斜视

经开水泡开后，各花朵在茶水中怒放，形成一道独特秀丽的风景

◆花茶怎样冲泡

外形漂亮、高档的花茶，也可以用透明的玻璃杯品饮，便于欣赏

花茶将茶香与花香巧妙地结合在一起，无论是视觉还是嗅觉都会给人以美的享受

（1）准备茶具：
品饮花茶一般用带盖的瓷杯或盖碗。
（2）赏茶：
欣赏花茶的外形，花茶中有干花，外形值得一赏。
（3）投茶：
将大约3克的花茶投入茶杯中。
（4）冲泡：
高档的花茶，最好用玻璃杯子，用85℃左右的水冲泡；中低档花茶，适宜用瓷杯，100℃的沸水。
（5）品饮：
在茶泡制3分钟后即可饮用。在饮用前，先闻香，将盖子揭开，花茶的芳香立刻逸出，香味宜人，神清气爽。品饮时将茶汤在口中停留片刻，以充分品尝、感受其香味。

加上盖子，可以观察茶在水中的变化、漂浮姿态，茶叶会在水中慢慢展开，茶汤也会慢慢变色

023. 茶有哪些其他形式

【紧压茶】

紧压茶，是以黑毛茶、老青茶、做庄茶等作为原料，经过渥堆、蒸压等典型的工艺过程加工而成的砖形或块状的茶叶。

紧压茶生产历史悠久，其蒸压方法与古代蒸青饼茶的制法相似。大约于11世纪前后，四川的茶商将绿毛茶蒸压成饼，运销西北等地。到19世纪末期，湖南的黑砖茶、湖北的青砖茶相继问世。紧压茶茶味醇厚，有较强的消食除腻功能，还具有较强的防潮性能，便于长途运输和贮藏。

紧压茶一般都是销往蒙藏地区，这些地区牧民多食肉，日常需大量饮茶除腻。喝紧压茶时需用水煮较长时间，因此茶汤中鞣酸含量高，非常有利于消化，同时会使人体产生饥饿感，因此，喝茶时通常要加入有营养的

底部中间有一个圆形的凹陷

云南七子饼茶外观酷似满月

紧压茶的多数品种比较粗老，干茶色泽黑褐，汤色橙黄或橙红

49

物质。蒙古人习惯加入奶，叫奶茶；藏族人习惯加入酥油，为酥油茶。

【砖茶】

砖茶，又称蒸压茶，是紧压茶中很有代表性
的一种。它是用各种毛茶经过筛、扇、切、磨等
过程，成为半成品；再经过高温汽蒸，压成砖形
的茶块。砖茶是以优质黑毛茶为原料，其汤如琥
珀，独具菌花香，长期饮用砖茶能够帮助消化，
促进人体新陈代谢，对人体有一定的保健作用。

砖茶的种类很多，有云南产的紧茶、小方砖
茶，四川产的康砖茶，湖北产的青砖茶，湖南产
的黑砖茶、茯砖茶、花砖茶等，也有用红茶做成
的红砖茶，俗称米砖茶。所有的砖茶都是用蒸压
的方式成形，但成形方式有所不同。如黑砖茶、

砖茶滋味醇厚，香气纯正，数百年来与奶、
肉一起，成为西北各族人民的生活必需品

花砖茶、茯砖茶、青砖茶、米砖茶是用机压成形；
康砖茶则是用棍锤筑造成形。在茯砖茶的压制技术中，独有汽蒸沤堆工序，还有"发金花"的
过程，让金黄色的黄霉菌在上面生长，霉花多者为上品。

【沱茶】

沱茶是一种制成圆锥窝头状的紧压茶，原产于
云南省景谷县，又称"谷茶"，通常用黑茶制造。关
于沱茶的名字，说法很多。有的说，古时沱茶均销
向四川沱江一带，因而得名；也有说法称，沱茶古
时称团茶，"沱"音是由"团"音转化而来。

沱茶的历史悠久，早在明代万历年间的《滇略》
上已有此茶之记载。清代末叶，云南茶叶集散市场
逐渐转移到交通方便的下关（今大理）。茶商把团
茶改制成碗状的沱茶，经昆明运往重庆、叙府（今
宜宾）、成都等地销售，故又称叙府茶。

沱茶从上面看似圆面包，从底下看似厚壁碗，
中间下凹，颇具特色

沱茶的种类，可分为绿茶沱茶、黑茶沱茶、云南沱茶、普洱沱茶。绿茶沱茶是以较细嫩的
晒青绿毛茶为原料，经蒸压制成；黑茶沱茶是以普洱茶为原料，经蒸压制成；云南沱茶是以晒
青绿茶为原料，压制而成；普洱沱茶是以普洱散茶为原料，压制而成，又称云南普洱沱茶。云
南沱茶，香气馥郁，滋味醇厚，喉味回甘，汤色橙黄明亮；普洱沱茶，外形紧结，色泽褐红，
有独特的陈香。

【萃取茶】

萃取茶,以成品茶或半成品茶为原料,用热水萃取茶叶中的可溶物,过滤掉茶渣后取得的茶汁;有的还要经过浓缩、干燥等工序,制成固态或液态茶,统称为萃取茶。萃取茶主要有罐装饮料茶、浓缩茶和速溶茶三种。

罐装饮料茶是用成品茶加一定量的热水提取过滤出茶汤,再加一定量的抗氧化剂(维生素 C 等),不加糖、香料,然后装罐、封口、灭菌制成,其浓度约为2%,开罐即可饮用。

浓缩茶是用成品茶加一定量的热水,提取过滤出茶汤,再进行减压浓缩或反渗透膜浓缩,到一定浓度后装罐灭菌而制成。直接饮用时需加水稀释,也可作罐饮料茶的原汁。

简单来说,萃取茶即是用热水萃取出茶原料中的可溶物,再经过滤制成各种固态、液态茶

速溶茶,又称可溶茶,是用成品茶加一定量的热水,提取过滤出茶汤,浓缩后加入环糊精,并充入二氧化碳气体,进行喷雾干燥或冷冻干燥后,制成粉末状或颗粒状的速溶茶。加入热水或冷水即可冲饮,十分方便。

【香料茶】

香料茶,就是指在茶叶中加入天然香料而成的再加工茶。香料茶是从西方传来的,是西方人喜爱的一种茶饮。香料一般用肉桂粉,也可以用小豆蔻、丁香、豆蔻等。

香料茶一般选用斯里兰卡 BP 茶、锡兰茶、阿萨姆 CTC 茶等,这些茶叶的叶片细小,很适合做香料茶。

肉桂依形状的不同分为条状和粉末状,选择肉桂时,以粉末状为佳,肉桂粉的香气和味道相对来说比较浓,适合煮茶用,而肉桂条则适合做冰肉桂茶。

肉桂又称玉桂,味辛、甘、大热,可散寒止痛,补火助阳,暖脾胃,通血脉,杀虫止痢

香料是西方人饮食中的常见之物,其中以具有浓烈而独特香气的越南肉桂为最佳

【果味茶】

果味茶，是用新鲜水果烘干而成的茶。这种茶依然保有水果的甜蜜风味，喝起来酸中带甜，口味独特。有些果味茶会加入一些烘干的花草茶，做成花果茶。

用红莓果、蓝莓果制果味茶时，往往会加入一些玫瑰和紫罗兰做成花果茶，苹果、柠檬可单独制作成果味茶。果味茶可以根据自己的口味自由搭配，喜欢酸味的，可以多加一些柠檬；喜欢甜味的，可以多加一些苹果等，同时也可以在茶中加入白砂糖、蜂蜜等作料。

将切好的带皮苹果配以少许肉桂，投入清水中煮沸后，加入红茶包即可饮用

苹果营养丰富、滋味甜美，深受人们的喜爱

【保健茶】

保健茶是从西方流行开来的，但西方的保健茶是以草药为原料，不含茶叶成分，只是借用"茶"的名称而已；中国保健茶则不同，是以绿茶、红茶或乌龙茶为主要原料，配以确有疗效的单味或复方中药制成；也有用中药煎汁喷在茶叶上干燥而成；或者药液茶液浓缩后干燥而成。

配有适量中药

以茶为主

保健茶，是一种有保健治疗作用的饮料，既有茶味，又有轻微药味

传统的保健茶主要有三种：①单味茶，即用一味茶或一味药物经冲泡或煎煮后饮用，如绿茶、红茶、乌龙茶、独参茶、枸杞茶等；②茶加药，是既有茶成分又有药物成分的保健茶，经冲泡或煎煮后饮用，如午时茶、川芎茶调散等；③药代茶，是指将药物煎煮或冲泡后代茶饮用，并不含茶成分。

【含茶饮料】

含茶饮料，又叫茶饮料，是用水浸泡茶叶，经抽提、过滤、澄清等工艺制成的茶汤，或在茶汤中加入水、糖液、酸味剂、食用香精、果汁或植（谷）物抽提液等调制加工而成的饮品。

从成分上看，茶饮料可分为茶汤饮料、果汁茶饮料、果味茶饮料和其他茶饮料几类。其中茶汤饮料指将茶汤（或浓缩液）直接灌装到容器中的饮品；果汁茶饮料指在茶汤中加入水、原果汁（或浓缩果汁）、糖液、酸味剂等调制而成的饮品，成品中原果汁含量不低于 5.0%；果味茶饮料指在茶汤中加入水、食用香精、糖液、酸味剂等调制而成的饮品；其他茶饮料指在茶汤中加入植（谷）物抽提液、糖液、酸味剂等调制而成的饮品。

从消费习惯来说，人们往往把茶饮料分为绿茶、红茶、乌龙、花茶等几种。从产品的物态来看，茶饮料又可分为液态茶饮料和速溶固体茶饮料两种。在液态的茶饮料中又有加气（一般为二氧化碳）和不加气之分。

混入茶汤、糖等

冰块使茶温迅速降低

冰茶饮料冰凉、舒爽，在较为炎热的地区尤为盛行

024. 中国名茶有哪些

中国的名茶版本很多，众说纷纭，以 1959 年全国名茶评选为例，分别是：西湖龙井、洞庭碧螺春、黄山毛峰、庐山云雾、六安瓜片、君山银针、信阳毛尖、武夷岩茶、安溪铁观音、祁门红茶（见下表）。

其他知名的茶叶也经常上榜各种名茶的评比榜单，例如，在 1988 年中国首届食品博览会和 1999 年昆明世博会上，获奖的名茶除去以上十种之外，还有湖南蒙洱茶、云南普洱茶、冻顶乌龙、歙县茉莉花茶、四川峨眉竹叶青、蒙顶甘露、都匀毛尖、太平猴魁、屯溪绿茶、雨花茶、滇红、金奖惠明茶。

茶　　名	类别	产　地
西湖龙井	绿茶	浙江省杭州西湖
洞庭碧螺春	绿茶	江苏省苏州太湖洞庭山
黄山毛峰	绿茶	安徽省黄山
庐山云雾	绿茶	江西省庐山
六安瓜片	绿茶	安徽省六安、金寨、霍山三县
君山银针	黄茶	湖南省岳阳洞庭湖君山
信阳毛尖	绿茶	河南省信阳市
武夷岩茶	乌龙茶	福建省武夷山区
安溪铁观音	乌龙茶	福建省安溪县
祁门红茶	红茶	安徽省祁门县及其周边

【西湖龙井】

西湖龙井，产于中国杭州西湖龙井村一带，是一种炒青绿茶，以"色绿、香郁、味甘、形美"而闻名于世，是中国最著名的绿茶之一。

龙井茶有不同的级别，随着级别的下降，色泽嫩绿、青绿、墨绿依次不同，茶身由小到大，茶条由光滑至粗糙，香味由嫩爽转向浓郁，叶底由嫩芽转向对夹叶，色泽嫩黄、青绿、黄褐各异。

在历史上，西湖龙井按产地分为狮、龙、云、虎、梅五种：狮，为龙井村狮子峰一带，此处出产的茶又称为狮峰龙井，是西湖龙井中的上品，香气纯，颜色为糙米色；龙，为龙井一带，其中翁家山所产可以媲美狮峰龙井；云，为云栖一带，是西湖龙井产量最大的地区；虎，为虎跑一带；梅，为梅家坞。现在统称为西湖龙井茶。其中，以狮峰龙井为最佳。

根据茶叶采摘时节不同，西湖龙井又可分为明前茶和雨前茶。在气温较冷的年份会推迟到清明节前后采摘，这类茶被称为清明茶。

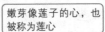

嫩芽像莲子的心，也被称为莲心

雨前茶是清明之后、谷雨之前采的嫩芽，也叫二春茶，是西湖龙井的上品

明前茶是用清明之前采摘的嫩芽炒制的，它是西湖龙井的最上品

一芽一叶形似旗枪，或一芽二叶形似雀舌

保持干燥、密封，避免阳光直射，杜绝挤压是储藏西湖龙井的最基本要求

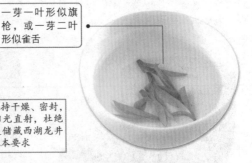

西湖龙井汤色嫩绿（黄）明亮；气味清香或嫩栗香；滋味清爽或浓醇；叶底嫩绿、完整

【洞庭碧螺春】

洞庭碧螺春，产于江苏苏州太湖的洞庭山碧螺峰上，属于绿茶。碧螺春茶形美、色艳、香浓、味醇，风格独具，驰名中外。

洞庭山位于碧水荡漾、烟波浩渺的太湖之滨，气候温和，空气清新，云雾弥漫，有着得天独厚的种茶环境，加之采摘精细，做工考究，形成了别具特色的品质特点。碧螺春冲泡后，味鲜生津，清香芬芳，汤绿水澈，叶底细、匀、嫩。

碧螺春茶从春分开采，至谷雨结束，采摘的茶叶为一芽一叶，一般是清晨采摘，中午前后拣剔质量不好的茶片，下午至晚上炒茶。目前大多仍采用手工方法炒制，杀青、炒揉、搓团焙干，三个工序在同一锅内一气呵成。

条索纤细，卷曲成螺

碧螺春为人民大会堂指定用茶，常用来招待外宾

碧螺春茶始于明代，原名"吓煞人香"，俗称"佛动心"。康熙皇帝南巡至太湖洞庭山，吴县巡抚宋荦购买朱家所产"吓煞人香"茶献上，康熙倍加赞赏，但闻其名不雅，遂御赐名"碧螺春"，此后地方官年年采办碧螺春进贡。如今，碧螺春属全国十大名茶之一。1954年，周总理曾携带1千克"东山西坞村碧螺春"茶叶赴日内瓦参加国际会议。

【黄山毛峰】

黄山毛峰产于安徽黄山，是中国的历史名茶，其色、香、味、形俱佳，品质风味独特。1955年被中国茶叶公司评为全国"十大名茶"。1986年被中国外交部定为"礼品茶"。

黄山毛峰特级茶，在清明至谷雨前采制，以一芽一叶初展为标准，当地称"麻雀嘴稍开"。鲜叶采回后即摊开，并进行拣剔，去除老、杂。毛峰以晴天采制的品质为佳，并要当天杀青、烘焙，将鲜叶制成毛茶（现采现制），然后妥善保存。

细嫩扁曲，多毫有锋

黄山毛峰以茶形"白毫披身，芽尖似峰"而得名

特级黄山毛峰的品质特点为香高、味醇、汤清、色润，其条索细扁，形似"雀舌"，白毫显露，色似象牙，带有金黄色鱼叶（俗称"茶笋"或"金片"，有别于其他毛峰）；芽肥壮、匀齐、多毫。冲泡后，气味清香高长；汤色清澈；滋味鲜浓、醇厚，回味甘甜；汤色清澈明亮；叶底嫩黄肥壮，匀亮成朵。

【庐山云雾】

庐山云雾，俗称"攒林茶"，古称"闻林茶"，产于江西庐山，是绿茶类名茶。庐山北临长江，南近鄱阳湖，气候温和，每年近200天云雾缭绕，这种气候为茶树生长提供了良好的条件。

庐山云雾，始产于汉代，已有一千多年的栽种历史。据《庐山志》记载："东汉时……各寺于白云深处劈岩削谷，栽种茶树，焙制茶叶，名云雾茶。"北宋时，庐山云雾茶曾列为"贡茶"。明代时，庐山云雾开始大面积种植。清代李绂的《六过庐记》中说："山中皆种茶，循茶径而直下清溪。"1959年，朱德在庐山品尝此茶后，作诗一首："庐山云雾茶，味浓性泼辣，若得长时饮，延年益寿法。"

外形饱满秀丽，茶芽隐露

庐山云雾有"六绝"之名，即条索粗壮、青翠多毫、汤色明亮、叶嫩匀齐、香高持久、醇厚味甘

在清明前后采摘云雾茶，随着海拔增高，采摘时间相应延迟，采摘标准为一芽一叶。采回茶片后，薄摊于阴凉通风处，保持鲜叶纯净，经过杀青、抖散、揉捻等九道工序制成。

庐山云雾茶茶汤幽香如兰，饮后回甘香绵，其色如沱茶，却比沱茶清淡，经久耐泡，为绿茶之精品。

【六安瓜片】

六安瓜片，又称片茶，是中国十大名茶之一，也是绿茶系列中的一种。主要产于安徽省的六安、金寨、霍山等地，因为在历史上这些地方都属于六安府，故得此名。六安瓜片的产地在大别山北麓，云雾缭绕，气候温和，生态环境优异。产于金寨齐云山一带的茶叶，为瓜片中的极品，冲泡后雾气蒸腾，有"齐山云雾"的美称。

外形平展，茶芽肥壮，叶缘微翘

六安产茶，始产于秦汉，到明清时期，成为贡茶。曹雪芹在《红楼梦》中曾有80多处提及。六安瓜片采当地特有品种，经扳片、剔去嫩芽及茶梗，并将嫩叶、老叶分开炒制，加工制成瓜子形的片状茶叶。

六安瓜片冲泡后，香气清高，滋味鲜醇，回味甘美，汤色清澈晶亮，叶底嫩绿。因为春茶的叶比较嫩，所以一般用80℃的水冲泡。待茶汤凉至适口，品尝茶汤滋味，宜小口品啜，缓慢吞咽，可从茶汤中品出嫩茶香气，顿觉沁人心脾。历史

六安瓜片是中国绿茶中唯一去梗去芽的片茶

上还多用此茶做中药，饮用此茶有清心目、消疲劳、通七窍的作用。

【君山银针】

君山银针，产于湖南岳阳洞庭湖中的君山，是黄茶中的珍品，很有观赏性。

君山是洞庭湖中的一个岛屿，岛上土壤肥沃，多为沙质土壤，年平均温度为16~17℃，年

降雨量为 1340 毫米左右，相对湿度较大，气候非常湿润。春夏之季，湖水蒸发，云雾弥漫，岛上树木丛生，适宜茶树生长，山地遍布茶园。

采摘茶叶的时间限于清明前后 7 ~ 10 天内，采摘标准为春茶的首轮嫩芽。叶片的长短、宽窄、厚薄均是以毫米计算，一斤银针茶约需十万五千个茶芽。经过杀青、摊晾、初烘、初包、再摊晾、复烘、复包、焙干等八道工序，需 78 小时方可制成。

该茶香气高爽，汤色橙黄，叶底明亮，滋味甘醇。

冲泡之时，根根银针直立向上，悬空竖立，继而徐徐下沉，三起三落，簇立杯底。

君山银针始于唐代，清朝时被列为"贡茶"。《巴陵县志》载："君山产茶嫩绿似莲心。"清代，君山茶分为"尖茶""茸茶"两种。"尖茶"如茶剑，纳为贡茶，素称"贡尖"，1956 年在莱比锡国际博览会上荣获金质奖章。

芽头苗壮，长短大小均匀

茶身满布毫毛，色泽鲜亮

君山银针外层白毫显露完整，包裹坚实，茶芽外形就像一根银针

【信阳毛尖】

信阳毛尖，又称"豫毛峰"，产于河南信阳的大别山区，因条索紧直锋尖，茸毛显露，故取名"信阳毛尖"。

唐代茶圣陆羽所著的《茶经》，把信阳列为全国八大产茶区之一；宋代大文学家苏轼尝遍名茶而挥毫赞道："淮南茶，信阳第一。"信阳茶区属高纬度茶区，产地海拔多在 500 米以上，层峦叠翠，溪流纵横，云雾弥漫，滋润了肥壮柔嫩的茶芽，为信阳毛尖提供了优良的原料。

信阳毛尖外形细秀匀直，显峰苗

信阳毛尖的采茶期分为三季：谷雨前后采春茶，芒种前后采夏茶，立秋前后采秋茶。谷雨前后采摘的少量茶叶被称为"跑山尖""雨前毛尖"，是毛尖珍品。特级毛尖采取一芽一叶初展，一级毛尖以一芽一叶为主，二三级毛尖以一芽二叶为主，四五级毛尖以一芽三叶及对夹叶为主，不采蒂梗，不采鱼叶。特优珍品茶，采摘更是讲究，只采芽苞。盛装鲜叶的容器采用透气的光滑竹篮，采完后送回阴凉室内摊放几小时，趁鲜分批、分级炒制，当天鲜叶当天炒完。

白毫遍布，色泽翠绿

【武夷岩茶】

武夷岩茶，是产于闽北名山武夷乌龙茶类的总称，因茶树生长在岩缝之中而得其名。武夷山茶区主要分为两个：名岩产区和丹岩产区。产区气候温和，冬暖夏凉，雨量充沛。

武夷岩茶属半发酵茶，制作方法介于绿茶与红茶之间，兼有绿茶之清香、红茶之甘醇，是

中国乌龙茶中之极品。其主要品种有大红袍、白鸡冠、水仙、肉桂等。

条形壮结、匀整

该茶冲泡后，茶汤呈深橙黄色，清澈艳丽；叶底软亮，叶缘朱红，叶心淡绿带黄；久藏不坏，香久益清，味久益醇。泡饮常用小壶小杯，因其香味浓郁，冲泡五六次后余韵犹存。

武夷岩茶品质独特，虽未经窨花，却有浓郁的花香，饮来甘馨可口，让人回味无穷。18 世纪传入欧洲后，倍受人们喜爱，欧洲人曾把它作为中国茶叶的总称。武夷岩茶也是我国沿海各省和东南亚侨胞最喜爱的茶叶，是有名的"侨销茶"。

色泽绿褐鲜润

【安溪铁观音】

铁观音，是中国乌龙茶名品，介于绿茶和红茶之间，属半发酵茶。于中华民国八年自福建安溪引进木栅区试种，分"红心铁观音"和"青心铁观音"两种，主产区在西部的"内安溪"。纯种铁观音树为灌木型，属横张型，枝干粗硬，叶较稀松，芽少叶厚，天性娇弱，产量不高。茶叶呈椭圆形，叶厚肉多，叶片平坦。

茶条卷曲，肥壮圆结，沉重匀整

铁观音 3 月下旬萌芽，一年分四季采制，谷雨至立夏为春茶，夏至至小暑为夏茶，立秋至处暑为暑茶，秋分至寒露为秋茶。品质以秋茶为最好，春茶次之。秋茶香气特高，俗称秋香，但汤味较薄。夏、暑茶品质较次。铁观音茶的采制特别，不采幼嫩芽叶，而采成熟新梢的二三叶，俗称"开面采"，是指叶片已全部展开，形成驻芽时采摘。

该茶冲泡之后，汤色金黄似琥珀，有天然兰花香气或椰香，滋味醇厚甘鲜，回甘悠久，七泡有余香，俗称有"观音韵"。

铁观音色泽乌黑油润，砂绿明显，整体形状似蜻蜓头、螺旋体、青蛙腿

【祁门红茶】

祁门红茶，简称祁红，产于安徽南端的祁门县一带。茶园多分布于海拔 100~350 米的山坡与丘陵地带，高山密林成为茶园的天然屏障。这里气候温和，年均气温在 15.6℃，空气相对湿度为 80.7%，年降水量在 1600 毫米以上，土壤主要由岩石风化后形成的黄土或红土构成，含有较丰富的氧化铝与铁质，极其适于茶叶生长。

当地茶树品种高产质优，生叶柔嫩，以 8 月鲜味最佳。茶区中的"浮梁工夫红茶"是祁红中的良品，以香高、味醇、形美、色艳闻名于世。

祁门红茶所采茶树为"祁门种"，在春夏两季采摘，只采鲜嫩茶芽的一芽二叶，经过萎凋、揉捻、发酵，使芽叶由绿色变成紫铜红色，香气透发，然后文火烘焙至干。红茶制成后，还要

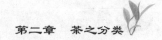

进行复杂精制的工序。红茶与绿茶相比，主要是增加了发酵的过程，让嫩芽从绿色变成深褐色。

该茶冲泡后，滋味清芳，带有蜜糖果香，上品茶又带有兰花香，香气持久；汤色红艳清透，滋味甘鲜醇厚，叶底鲜红明亮。清饮，可品味祁红的清香；加入牛奶调饮也不减其香。由于祁门红茶有一种特殊的芳香，外国人称其为"祁门香"。

色泽乌润

条索紧细匀整，
锋苗秀丽

 025. 怎样辨别新茶与陈茶

看色泽。茶叶在储藏的过程中，构成茶叶色泽的一些物质会在光、空气、温度的作用下缓慢分解或氧化，失去原有的色泽。如新绿茶色泽青翠碧绿，汤色黄绿明亮；陈茶则叶绿素分解、氧化，色泽变得枯灰无光，汤色黄褐不清。

捏干湿。取一两片茶叶，用大拇指和食指稍微用劲儿一捏，能捏成粉末的是足干的新茶。

闻茶香。构成茶香的醇类、酯类、醛类等会不断挥发和缓慢氧化，时间越久，茶香越淡，由新茶的清香馥郁变成陈茶的低闷浑浊。

品茶味。茶叶中的酚类化合物、氨基酸、维生素等构成滋味的成分会逐步分解挥发、缩合，使滋味醇厚鲜爽的新茶变成淡而不爽的陈茶。

 026. 如何选购茶叶

茶叶是生活中的必需品，怎么选择上好的茶叶、选择哪种茶叶显得尤其重要，茶叶选购要注意以下几点：

【检查茶叶的干燥度】

手轻握茶叶微感刺手和轻捏会碎，表示茶叶干燥程度良好，茶叶含水量在 5% 以下。

【观察茶叶叶片】

茶叶叶片形状整齐、色泽均匀的较好，茶梗、黄片、茶角、茶末和杂质含量比例高的茶叶，一般会影响茶汤品质，多是次级品。

【试探茶叶的弹性】

以手指捏叶底，一般以弹性强者为佳，表示茶青幼嫩，制造得宜；而触感生硬者为老茶青或陈茶。

【检验发酵程度】

红茶是全氧化茶，叶底应以呈红色，鲜艳为佳；乌龙茶属半氧化茶，绿叶红镶边，以各叶边缘有红边，叶片中部淡绿为上；清香型乌龙茶及文山包种茶为轻度氧化茶，叶在边缘锯齿稍深位置呈红边，其他部分呈淡绿色为正常。

【看茶叶外观色泽】

各种茶叶成品都有其标准的色泽。一般来说，乌龙及部分绿茶以带有油光宝色或有白毫的为佳，包种茶以呈现灰白点之青蛙皮颜色为贵。茶叶的外形条索则随茶叶种类而异，如龙井呈剑片状，文山包种茶为条形自然卷曲，冻顶茶呈半球形紧结，铁观音茶则为球形，香片与红茶呈细条或细碎状。

【闻茶叶香气】

绿茶为清香，包种茶为花香，乌龙茶为熟果香，红茶为焦糖香，花茶则应为窨花之花香和茶香混合之强烈香气。如茶叶中有油臭味、焦味、陈旧味、火味、闷味或其他异味，为劣品。

【尝茶滋味】

以少苦涩、带有甘滑醇味，能让口腔有充足的香味或喉韵者为好茶。苦涩味重、陈旧味或火味重者，则非佳品。

【观茶汤色】

一般绿茶呈墨绿色，红茶呈鲜红色，白毫乌龙呈琥珀色，冻顶乌龙呈金黄色，包种茶呈暗绿色。

【看茶叶叶底】

冲泡后很快展开的茶叶，多是粗老之茶，条索不紧结，茶汤多平淡无味，且不耐泡。冲泡后叶面不开展或经多次冲泡仍只有小程度之开展的茶叶，不是焙火失败就是已放置一段时间的陈茶。

027. 怎样识别劣质茶

识别劣质茶的方法：

烟味：冲泡出的茶汤嗅时烟味很重，品尝时也带有烟味，则为劣质茶。

焦味：干茶叶散发出很重的焦味，冲泡后仍然有焦味，而且焦味持久难消，则为劣质茶。

酸馊味：无论是热嗅、冷嗅还是品尝茶叶都有一股严重的酸馊味，则为劣质茶，不能饮用。

霉味：茶叶干嗅时有很重的霉味，茶汤的霉味更加明显，则为劣质茶，不能饮用。

如有轻微的日晒气则为次品茶，如日晒气很重则为劣变茶

028. 怎样甄别真假茶叶

真茶和假茶，一般都是通过眼看、鼻闻、手摸、口尝的方法来综合判断。

【眼看】

绿茶呈深绿色，红茶色泽乌润，乌龙茶色泽乌绿，茶叶的色泽细致均匀，则为真茶。如果茶叶颜色不一，则可能为假茶。

【鼻闻】

如果茶叶的茶香很纯，没有异味，则为真茶；如果茶叶茶香很淡，异味较大，则为假茶。

【手摸】

真茶一般摸上去紧实圆润，假茶都比较疏松；真茶用手掂量会有沉重感，而假茶则没有。

【口尝】

冲泡后，真茶的香味浓郁醇厚，色泽纯正；假茶香气很淡，颜色略有差异，没有茶滋味。

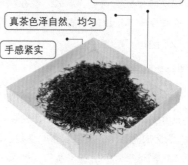

茶香纯正、无异味

真茶色泽自然、均匀

手感紧实

将茶叶放评茶盘中，将茶叶摊开

029.茶叶如何储存

由于空气、光线、水分等因素的影响，茶叶很容易受潮，或吸收异味，或其中的叶绿素被破坏，使茶叶颜色枯黄发暗，品质变坏，最终导致茶叶、茶汤颜色发暗，香气散失，严重影响茶味，甚至发霉不能饮用。因此，掌握一些妥善储存茶叶的常识就显得很重要。

由于茶叶中的一些成分很不稳定，很容易发生变化，产生茶变。因此，放置茶叶的容器就非常重要，一般以锡瓶、瓷坛、有色玻璃瓶较佳；塑料袋、纸盒较次；同时注意保存茶叶的容器要干燥、洁净、远离樟脑、药品、化妆品、香烟、洗涤用品等有强烈气味、异味的物品；不同级别的茶叶也不能混在一起保存。

茶叶在储存时应避免放在潮湿、高温、不洁、暴晒的地方

总的来说，引起茶叶变质的主要因素有光线、温度、水分、湿度、氧气、微生物、异味七种，所以为防止茶叶变质，必须尽量避免这七种因素的影响。

◆储存禁忌

【忌含水较多】

茶叶在储存时一定要注意干燥，不要使茶叶受潮。茶叶中的水分是茶叶内的各种成分生化反应必需的媒介，茶叶的含水量增加，变化速度也会加快，色泽会随之逐渐变黄，茶叶的滋味和鲜爽度也会跟着减弱。如果茶叶的含水量达到 10%，茶叶就会加快霉变速度。茶叶在保存时，一定要保持环境的相对湿度较低。

如果保存环境潮湿，那么即使在包装时茶叶的含水量达标，也会使茶叶变质。在储存前，可以先检查一下干燥度，抓一点茶叶，用手指轻轻搓捻，如果茶叶能立刻变成粉末，那么就表示比较干燥，可以储存。

【忌接触异味】

茶叶在保管时，一定要注意不能接触异味，茶叶如果接触异味，不仅会影响茶叶的味道，还会加速茶叶的变质。茶叶在包装时，就要保证严格按照卫生标准执行，确保在采摘、加工、储存的过程中没有异味污染，如果在前期有异味污染，那么后期保管无论多么注意，茶叶依然会很快变质。

需注意，透明玻璃容器的避光性欠佳

保管茶叶时，一定要确保盛装茶叶的容器卫生、洁净、无异味

茶叶自身具有很强的异味吸附特性

【不宜保管在高温环境中】

茶叶一定要保管于合适的低温环境中，这样才能使茶叶的香味持久不变。如果温度过高，会使茶叶变质。

温度是茶叶保管中一个很重要的因素，茶叶内成分的化学变化随着温度的升高而变化。经过实验证明，随着温度的升高，茶叶内化学物质变化速度加快，茶叶的品质也会随之变化，变质的速度会变快，对茶叶的保管很不利。

【忌接受阳光照射】

在保管茶叶时，一定要注意避光保存，因为阳光使茶叶中的叶绿素氧化，从而使茶叶的绿色减退而变成棕黄色。阳光直射茶叶还会使茶叶中的一些芳香物质氧化，会使茶叶产生"日晒味"，茶叶的香味自然也会受到影响，严重的还会导致茶叶变质。

茶叶在保管时，要避免太阳照射，太阳照射会加速茶叶变质

在保管茶叶时，要选择阴凉避光的地方，重要的是不要将茶叶氧化，氧化的茶叶只能变质得更快，保质期缩短。

【忌长时间暴露】

茶叶如果长时间暴露在外面，空气中的氧气会促进茶叶中的化学成分如脂类、茶多酚、维生素 C 等物质氧化，进而使茶叶加速变质。包装保管茶叶的容器中，氧气含量应该控制在 0.1%，也就是说基本上没有氧气，这样就能很好地保持茶叶的新鲜状态。此外，暴露在外的茶叶也更易接触到空气中的水分，从而不再干燥，吸湿还潮，降低茶叶的质量。

在保管茶叶时，一定不要将其暴露在外面，取完茶叶后，要把茶叶继续密封保存

◆ 储存方法

【铁罐储存法】

在一般的茶叶市场上都可以买到铁罐，铁罐在质地上没有什么区别，造型却很丰富。方的、圆的、高的、矮的、多彩的、单色的，而且在茶叶罐上还有丰富的绘画，大多都是跟茶相关的绘画，可以根据自身需求进行选择。

要格外注意铁罐的密闭性

在用铁罐储存前，首先要检查一下罐身与罐盖的密封度，如果漏气则不可以使用。如果铁罐没有问题，可以将干燥的茶叶装入，并将铁罐密封严实。铁罐储存法方便实用，适合

茶叶的储存方法有很多，其中最常见的是用铁罐来储存茶叶

家庭日常使用，但是不适宜长期储存。

【 热水瓶储存法 】

热水瓶储存法是一种很实用的茶叶储存法，一般家庭用的热水瓶就可以，但是保暖性能一定要好。

在储存之前要检查一下热水瓶的保暖性能，如果热水瓶不保暖则不能采用。选择好热水瓶后，将干燥的茶叶装入瓶内，切记一定要装充足，尽量减少瓶内的空余空间。装好茶叶后，将瓶口用软木塞盖紧，然后在塞子的

> 热水瓶储存法，由于瓶内的空气少，温度相对稳定，保质效果好，且简单易行，很适合家庭储存

边缘涂上白蜡封口，再用胶布裹上，主要目的是防止漏气。

镀银的玻璃内壁与真空隔层可有效保持温度的恒定

【 陶瓷坛储存法 】

陶瓷坛储存法就是用陶瓷坛储存茶叶，用以保持茶叶的鲜嫩，防止变质。

茶叶在放入陶瓷坛之前，要用牛皮纸把茶叶分别包好，分置在坛的四周，在坛中间摆放一个石灰袋，再在上面放茶叶包，等茶叶装满后，用棉花盖紧。石灰可以吸收湿气，能使茶叶保持干燥不受潮，储存的效果很好，茶叶的保质时间可以延长。陶瓷坛储存法特别适合一些名贵茶叶，尤其是龙井、大方等上等茶。

【 玻璃瓶储存法 】

玻璃瓶储存法是将茶叶存放玻璃瓶中，以保持茶叶的鲜嫩，防止茶叶变质。这种方法很常见，一般家庭经常采用这种方法，既简单又实用。

有色玻璃可以避免光线直射，防止茶叶被氧化

玻璃瓶要选择有色、清洁、干燥的。玻璃瓶准备好后，将干茶叶装入瓶子至七八成满即可，然后用一团干净无味的纸团塞紧瓶口，再将瓶口拧紧。如果能用蜡或者玻璃膏封住瓶口，储存效果会更好。

> 玻璃瓶一般要采用有色的，而不用透明的

【 食品袋储存法 】

食品袋储存法是指用食品塑料袋储存茶叶的方法。需要准备一些洁净没有异味的白纸、牛皮纸和没有空隙的塑料袋。用白纸将茶叶包好，再包上一张牛皮纸，接着装入塑料食品袋中，然后用手轻轻挤压，将袋中的空气排出，用细绳子将袋口捆紧，然后再将另一只塑料食品袋套在第一只袋外面，以同样的方法将空气挤出，再用细绳子把袋口捆紧。最后将茶包放入干燥无味、密闭性好的铁筒中即可。

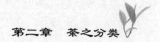

【低温储存法】

　　低温储存法是指将茶叶放置在低温环境中，用以保持茶叶的鲜嫩，防止变质。

　　低温储存法，一般都是将茶叶罐或者茶叶袋放在冰箱的冷藏室中，温度调为 5℃左右为最适宜的温度。在这个温度下，茶叶可以保持很好的新鲜度，一般都可以保存一年以上。这个方法比较适合名贵的茶品，特别是茉莉花茶。

第三章

茶

之

供

器

030. 茶具起源于什么时候

中国最早关于茶的记录是在周朝，当时并没有茶具的记载。茶具是茶文化不可分割的重要组成部分，西汉王褒的《僮约》中，就有"烹茶尽具，已而盖藏"之说，这是我国最早提到"茶具"的史料。此后历代文学作品及文献多提到茶具、茶器、茗器。

口小而圆滑

根据考古研究推论，多数人认为最古老的茶具原型取自陶土制成的瓦器——缶。缶可兼作食器或酒器

可供固定或悬挂的把手和拉环

浑圆的缶体可盛食物或酒浆

平底内收的底部便于火力均匀、高效加热

到了唐代，皮日休的《茶中杂咏》中列出茶坞、茶人、茶笋、茶籝、茶舍、茶灶、茶焙、茶鼎、茶瓯，以及煮茶，茶圣陆羽在其著作《茶经》的"四之器"中先后共涉及多达 24 种不同的煮茶、碾茶、饮茶、贮茶器具。

中国的茶具种类繁多，制作精湛。工艺上从最初的简易陶制到之后的釉陶、陶瓷、青瓷、彩瓷、紫砂、漆器，材质上从竹木到金属、玻璃，无论是茶具制作工艺还是材质，都经历了由粗渐精的发展过程。

唐代的茶饮及茶文化已发展成熟，人们以饼茶水煮作饮。湖南长沙窑遗址出土的一批唐朝茶碗，是我国迄今所能确定的最早的茶碗。

茶业兴盛带动了制瓷业的发展，当时享有盛名的瓷器有越窑、定窑、婺州窑、岳州窑、寿州窑、洪州窑和邢州窑，其中产量和质量最好的当数越窑。越窑是我国著名的青瓷窑，其青瓷茶碗深受茶圣陆羽和众多诗人的喜爱，陆羽评其"类玉""类冰"。当时茶具主要有碗、瓯、执壶、杯、釜、罐、盏、盏托、茶碾等。瓯是中唐时期风靡一时的越窑茶具新品种，是一种体积较小的茶盏。

白瓷瓷碗

碗作为唐时最流行的茶具，造型有花瓣形、直腹式、弧腹式等

三彩陶杯盘

以黄、赭、绿为基本色调，色彩斑斓

青瓷执壶

执壶是中唐以后才出现的器型，通常刻有各类纹饰

宋代的茶为茶饼,饮时需碾为粉末。当时盛行茶盏,使用盏托也更为普遍。其形似小碗,细足厚壁,适用于斗茶技艺,其中著名的有龙泉窑青釉碗、定窑白瓷碗、耀州窑瓷碗。由于宋代瓷窑的技术显著提高,茶盏外沿精薄,使得茶具种类增加,出产的茶盏、茶壶、茶杯等品种繁多,样式各异,色彩雅丽,风格大不相同。全国著名的窑口共有五处,即官窑、哥窑、定窑、汝窑和钧窑。

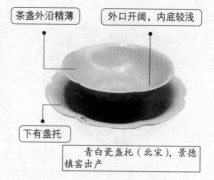

茶盏外沿精薄

外口开阔,内底较浅

下有盏托

青白瓷盖托(北宋),景德镇窑出产

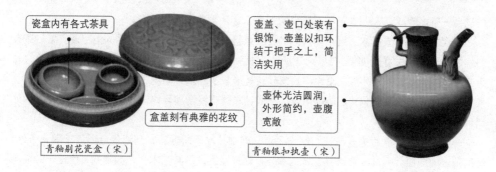

瓷盒内有各式茶具

盒盖刻有典雅的花纹

青釉剔花瓷盒(宋)

壶盖、壶口处装有银饰,壶盖以扣环结于把手之上,简洁实用

壶体光洁圆润,外形简约,壶腹宽敞

青釉银扣执壶(宋)

元代时期,茶饼逐渐被散茶取代。此时绿茶的制作只经过适当揉捻,不用捣碎碾磨,保存了茶的色、香、味。茶具也有了脱胎换骨之势,从宋人的崇金贵银、夸豪斗富的风格进入了一种崇尚自然、返璞归真的艺术境界,对茶具去粗存精、删繁就简,为陶瓷茶具成为品饮场中的主导潮流开辟了历史性的通道。尤其是白瓷茶具不凡的艺术成就,把茶饮文化及茶具艺术的发展推向了全新的历史阶段,直到今天,元朝的白瓷茶具依然还有着势不可挡的魅力。

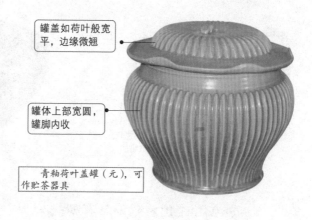

罐盖如荷叶般宽平,边缘微翘

罐体上部宽圆,罐脚内收

青釉荷叶盖罐(元),可作贮器茶具

明代饮用的是与现代炒青绿茶相似的芽茶,"茶以青翠为胜,陶以蓝白为佳,黄黑红昏,俱不入品",人们在饮绿茶时,喜欢用洁白如玉的白瓷茶盏来衬托,以显清新雅致。

自明代中期开始,人们不再注重茶具与茶汤颜色的对比,转而追求茶具的造型、图案、纹饰等所体现的"雅趣"。明代制瓷业在原有青白瓷的基础上,先后创造了钧红、祭红和郎窑红等名贵色釉,使造型小巧、胎质细腻、色彩艳丽的茶具成了珍贵之极的艺术品。名噪天下的景德

镇瓷器甚至为中国博得了"瓷器王国"的美誉。

明朝人的饮茶习惯与前人不同，在饮茶过程中多了一项内容，就是洗茶。因此，茶洗工具成了茶具的一个组成部分。茶盏在明代同样出现了重大的改进，就是在盏上加盖。加盖一方面是为了保温，另一方面是出于清洁卫生的考虑。自此以后，一盏、一托、一盖的三合一茶盏就成了人们饮茶不可缺少的茶具，这种茶具被称为盖碗。

外侧浮刻有螭龙纹，传说螭龙是龙子之一，有防火之能

螭纹白玉水盂（明）

蓝釉执壶（明）

清代的饮茶习惯基本上继承明代人的传统风格，淡雅仍然是这一时期的主格调。紫砂茶具的发展经历了明供春始创、"四名家"及"三妙手"的成就过程终于达到巅峰。茶具以淡、雅为宗旨，以"宛然古人"为最高原则的紫砂茶具形成了泾渭分明的三大风格——讲究壶内在朴素气质的传统文人审美风格、施以华美绘画或釉彩的市民情趣风格以及镶金包银专供贸易的外销风格。

一贯领先的瓷具也方兴未艾，制作手法、施釉技术不断翻新，到清代已形成了陶瓷争艳、比肩前进的局面。而文人对茶具艺术的参与，则直接促进了其艺术含量的提高，使这一时期的作品成了传世精品。

绿、黄、紫三色交相辉映。造型栩栩如生，极富表现力

素三彩鸭形壶（清）

以海龟科动物的背甲制成。质地半透明，光润圆滑，有黄、黑、褐色的斑纹

玳瑁银胎盖碗（清）

031. 中国古代茶具有哪些

【制茶用具】

如古代的茶碾、罗合，现代的炙茶罐。

【贮物器具】

如古代的具列、都篮，现代的茶具柜、茶车、茶包。

【贮水器具】

即贮水类器物，如古代的水方、现代的水缸。

【生火用具】

即燃具类，如古代的风炉，现代的电炉、酒精炉等。

【量辅用具】

即置茶类物品，如茶匙、茶则。

【煮茶用具】

即煮水类茶具，如古代的茶铛、茶釜、茶铫，现代的随手泡、玻璃壶、陶瓷壶、铜茶壶。

【泡茶用具】

如紫砂壶、盖碗杯、玻璃杯等。

【调味器具】

如古代的盛盐罐，现代英式红茶茶具中的糖缸、奶盅。

【饮茶用具】

如茶碗、茶盅、茶杯等。

【清洁用具】

如古代的滓方、涤方、茶帚，现代的茶巾、消毒锅等。

公道杯：用来使茶汤色泽与滋味变得均匀的贮水器具

茶壶：用来冲泡茶叶的煮茶器具

茶杯：用来装茶水的饮茶器具

032. 当代茶具有哪些

饮茶离不开茶具，茶具就是泡饮茶叶的专门器具。我国地域辽阔，茶类繁多，又因民族众多，民俗也有差异，饮茶习惯便各有特点，所用器具更是品类繁多，很难作出一个模式的规定。随着饮茶之风的兴盛，以及各个时代饮茶风俗的演变，茶具的品种越来越多，质地越来越精美。

茶夹

茶则

茶筒

茶海

茶壶

茶荷

茶杯

当代茶具主要分为七个部分：

☆主茶具，泡茶、饮茶的主要用具，包括茶壶、茶船、茶盅、小茶杯、闻香杯、杯托、盖置、茶碗、盖碗、大茶杯、同心杯，以及冲泡盅等。

☆辅助用品，泡茶、饮茶时所需的各种器具，以增加美感，方便操作，包括桌布、泡茶巾、茶盘、茶巾、茶巾盘、奉茶盘、茶匙、茶荷、茶针、茶箸、渣匙、箸匙筒、茶拂、计时器、茶食盘、茶叉、餐巾纸，以及消毒柜等。

☆备水器，包括净水器、贮水缸、煮水器、保温瓶、水方、水注、水盂。

☆备茶器，包括茶样罐、贮茶罐（瓶）、茶瓮（箱）。

☆盛运器，包括提柜、都篮、提袋、包壶巾、杯套。

☆泡茶席，包括茶车、茶桌、茶席、茶凳、坐垫。

☆茶室用品，包括屏风、茶挂、花器。

033. 怎样选配茶具

◆ 根据茶叶品种来选配茶具

"器为茶之父"，可见要想泡好茶，就要根据不同的茶叶选用不同的茶具。

一般来说，泡花茶时，为保香可选用有盖的杯、碗或壶；饮乌龙茶，重在闻香啜味，宜用紫砂茶具冲泡；饮用红碎茶或工夫茶，可用瓷壶或紫砂壶冲泡，然后倒入白瓷杯中饮用；冲泡西湖龙井、洞庭碧螺春、黄山毛峰、庐山云雾茶等细嫩的绿茶，以保持茶叶自身的嫩绿为贵，可用玻璃杯直接冲泡，也可用白瓷杯冲泡，杯子宜小不宜大，其中玻璃材料密度高，硬度好，具有

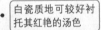
白瓷质地可较好衬托其红艳的汤色

红茶红汤红叶，香气持久，味浓汤艳。宜用紫砂茶具或瓷质盖碗杯

很强的透光性，更可以看到杯中轻雾缥缈，茶汤澄清碧绿，芽叶亭亭玉立，上下浮动的景象；此外，冲泡红茶、绿茶、乌龙茶、白茶、黄茶，使用盖碗也是可取的。

从工艺花茶的特性出发，可以选择适宜绿茶、花茶沥泡的玻璃茶具，如西式高脚杯。选用大口径、深壁与收底的高脚杯，使花茶在杯内有良好的稳定性，适合冲泡后花展开较大的工艺花茶。选用透明度极高、晶莹剔透的优质大口径浅壁玻璃杯，使花茶的姿态更易被人欣赏，适宜冲泡后花朵横向展开的工艺花茶。

◆根据饮茶风俗来选配茶具

藏族饮用酥油茶，其茶具由打茶筒、勺、碗、紫铜釜、木桶、壶等组成。打茶筒由杵和筒组成，木杵一端为圆球形，插入茶筒。筒亦木制，外圈裹上铜箍，增加牢固度。筒口有盖，留有圆孔便于杵插入。紫铜釜专供贮浓茶用，而烧水常用铝壶或铜壶。木桶盛酥油，使用时将茶熬成浓汁放在釜中备用。勺为紫铜制成，装有铜丝网，能过滤茶渣。茶碗与身份地位相关，不同阶层使用不同茶碗，活佛等显赫要人常用黄底描龙画凤、八瓣莲花座碗。僧侣、年长者则用浅蓝底色并刻有雄狮或半透明花纹的茶碗。一般牧民则用白底并刻有折枝牡丹的茶碗。

闽南、潮汕地区饮用工夫茶，其工夫茶茶具亦称"烹茶四宝"。在演进过程中，工夫茶茶具由十件简化到现时使用的罐、壶、杯、炉四件，即孟臣壶、若深杯、玉书茶碾、潮汕炉。质地主要是陶和瓷两种，外观古朴雅致，其形各异。

灵兽装饰

口沿处僧帽状边

筒形器形，共分三层

遍布精美、繁杂的花纹

嵌珐琅多穆壶，"多穆"在藏语中意为盛酥油的桶，多穆壶是藏人制作、盛放酥油茶的器皿

◆根据饮茶场合来选配茶具

茶具的选配一般有"特别配置""全配""常配""简配"四个层次。参与国际性茶艺交流、参与全国性茶艺比赛、应邀进行茶艺表演时，茶具的选配要求是最高的，称为"特别配置"。这种配置讲究茶具的精美、齐全、高品位。根据茶艺的表演需要，必备的茶具件数多、分工细，求完备不求简捷，求高雅不粗俗，文化品位极高。

某些场合的茶具配置以齐全、满足各种茶的泡饮需要为目标，只是在器件的精美程度、

为了适应不同场合、不同条件、不同目的的茶饮过程，茶具的组合和选配要求各不相同

质地要求上较"特别配置"略微低些，这种配置通常称为"全配"。如昆明九道茶，此为云南昆明书香门第接待宾客的饮茶习俗，所用茶具包括一壶、一盘、一罐和四个小杯，这七件套茶具亦称"九道茶茶具"。

台湾沏泡工夫茶一般选配紫砂小壶、品茗杯、闻香杯组合、茶池、茶海、茶荷、开水壶、水方、茶则、茶叶罐、茶盘和茶巾，这属于"常配"。如果在家里招待客人或自己饮用，用"简配"就可以。

◆根据个人爱好来选配茶具

茶具的选配在很大程度上反映了主人或饮茶者的不同地位和身份。大文豪苏东坡曾自己设计了一种提梁紫砂壶，至今仍被茶人推崇。慈禧太后喜欢用白玉作杯、黄金作托的茶杯饮茶。现代人饮茶对茶具的要求虽没有如此严格，但由于每个茶人的学历、经历、环境、兴趣、爱好，以及饮茶习惯不同，对茶具的选配也有各自的要求。

紫砂材质的透气性、吸水性、保温性令茶汤更加出色

壶体有精妙的诗词与绘画

紫砂壶融诗词书画篆刻于一炉，赋予茶品更多的韵味与艺术性，颇受茶友的青睐

简朴的竹制茶具则使品饮者返璞归真，茶的恬淡、优雅之情顿然而生

用于冲泡和品饮茶汤的茶具，从材质上主要分为玻璃茶具、瓷质茶具和紫砂茶具。玻璃茶具透光性好，有利于观赏杯中茶叶、茶汤的变化，但导热快、易烫手、易碎、无透气性；瓷质茶具的硬度、透光度低于玻璃，但高于紫砂，瓷具质地细腻、光洁，能充分表达茶汤之美，保温性高于玻璃材质；紫砂茶具的硬度、密度低于瓷器，不透光，但具有一定的透气性、吸水性、保温性，这对滋育茶汤大有益处，并能用来冲泡粗老的茶。

034. 怎样选购茶具

茶文化在我国可谓历史悠久、源远流长，集沏茶良器与欣赏佳品于一身的各式茶具，更可以给人带来独特的文化享受。历代茶人对茶具提出的要求和规定，归纳起来主要有五点：一是具有保温性；二是有助于育茶发香；三是有助于茶汤滋味醇厚；四是方便茶艺表演过程的操作和观赏；五是具有工艺特色，可供观赏把玩。

北方人喜欢花茶，常用瓷壶冲泡，用瓷杯饮用；南方人喜欢炒青或烘青的绿茶，多用有盖瓷壶冲泡；乌龙茶宜用紫砂茶具冲泡；功夫红茶和红碎茶一般用瓷壶或紫砂壶冲泡。品饮西湖龙井、君山银针等茶中珍品，选用无色透明的玻璃杯最为理想。

茶具的材质、品种、器型众多，常让人眼花缭乱，因而应参照所品饮茶叶的种类、人数多少以及饮用习惯综合选定

035. 什么是茶席

茶席包括泡茶的操作场所、客人的坐席以及所需氛围的环境布置，又称为本席、席。从茶艺刚刚诞生时，茶席就随之产生了，茶席大致可以分为古典型、艺术型、民俗型三种风格。

茶席的风格选择有时并不是很明显，有的时候会几种风格混搭，如在古典型中混合着艺术型和民俗型。但是，一定要注意不能胡乱搭配，比如，在皇家茶艺中就要避免用民俗茶艺，以免看上去不伦不类。

茶席的风格要根据茶艺表演的风格、茶艺师的服装来选择。在茶席的设计中可以加入一些必要的装饰，例如字画、插花等。

茶席，是指举办茶会的场所，也就是泡茶、喝茶的地方，其设置风格应与茶艺表演的风格相一致

036. 为什么中国人历来讲究泡茶用水

中国人历来对泡茶的用水很讲究，从中国古代的茶典对泡茶用水的记录中，就可以看出爱茶人对泡茶用水的重视。一般来说，好水的标准是洁净、味甘、水活、清冽等。从科学的角度来看，水质过硬或过软都不适合用来泡茶，会使茶汤变味变色，介于软硬中间的水最适合泡茶。

陆羽在《茶经》中对水有这样的说法："山水上、江水中、井水下。其山水，拣乳泉、石池、漫流者上。"明代的许次纾在《茶疏》中说道："精茗蕴香，借水而发，无水不可与论茶也。"张大复在《梅花草堂笔谈》中说道："茶性必发于水，八分之茶遇十分之水，茶亦十分矣；八分之水，试十分之茶，茶只八分耳。"

从古到今，品茗都是中国人喜爱的活动，若想泡出好茶，水质的好坏非常关键

037. 古代人怎样论水

中国古代的茶典中，有很多关于泡茶用水的论述，这些茶典中不仅有水质好坏和茶的关系的论述，有的茶典会对水品做分类。

比较著名的是唐代茶圣陆羽的著作《茶经·五之煮》，唐代张又新的《煎茶水记》，宋代欧阳修的《大明水记》，宋代叶清臣的《述煮茶小品》，明代徐献忠的《水品》、田艺蘅的《煮泉小品》，清代汤蠹仙的《泉谱》等。

古代文人墨客靠品尝，排出了煮茶之水的次序。陆羽将煮茶的水分为三等：泉水为上等；江水为中等；井水为下等。陆羽将泉水分为九等，他提到的"天下第一泉"共有七处，分别是：济南的趵突泉、镇江的中泠泉、北京的玉泉、庐山的谷帘泉、峨眉山的玉液泉、安宁碧玉泉、衡山水帘洞泉。天下第八泉：洪崖丹井，位

从科学的角度讲，煮茶之水可按相同容积下的重量排序，重量越轻越好；按颜色排序，越清澈越好；按寒度排序，越寒冽越好；活水好于死水

于江西省南昌市湾里区北面的乌晶源溪涧之上，崖壁峭绝，飞瀑北来，其下井洞深不可测。天下第九泉：淮水源，地处鄂豫交界桐柏山北麓，河南桐柏县（唐代属山南东道唐州）境内。陆羽在荆楚大地沿江淮、汉水流域进行访茶品泉期间，曾前往桐柏县品鉴淮水源头之水，并评其为"天下第九佳水"。天下第十泉：庐山天池山顶龙池水。十大名泉庐山占其三，由此可见陆羽对庐山的水情有独钟。

038. 古代人择水的标准是什么

尽管地域环境、个人喜恶的差别造成古人择水标准不一，但对水品"清""轻""甘""冽""鲜""活"的要求都是不谋而合。

☆水要甘甜洁净。古人认为泡茶的水首要就是洁净，只有洁净的水才能泡出没有异味的茶，而甘甜的水质会让茶香更加出色。宋代蔡襄在《茶录》中说道："水泉不甘，能损茶味。"赵佶在《大观茶论》中说过："水以清轻甘洁为美。"

☆水要鲜活清爽。古人认为水质鲜活清爽会使茶味发挥更佳，死水泡茶，即使再好的茶叶也会失去茶滋味。明代张源在《茶录》中指出："山顶泉清而轻，山下泉清而重，石中泉清而甘，砂中泉清而冽，土中泉清而白。流于黄石为佳，泻出青石无用。流动者愈于安静，负阴者

胜于向阳。真源无味，真水无香。"

☆贮水方法要适当。古代的水一般都要储存备用，如果在储存中出现差错，会使水质变味，影响茶汤滋味。明代许次纾在《茶疏》中指出："水性忌木，松杉为甚，木桶贮水，其害滋甚，洁瓶为佳耳。"

 水质清澈、洁净是古人择水的基本标准，在此基础上求真的诉求则更贴合茶道的初衷

039. 现代人的水质标准是什么

现代科技越来越发达，人们的生活层次不断提高，对水质的要求也提出了新的指标。现代科学对水质提出了以下四个指标：

☆感官指标。水的色度不能超过 15 度，而且不能有其他异色；浑浊度不能超过 5 度，水中不能有肉眼可见的杂物，不能有臭味异味。

☆化学指标。氧化钙不能超过 250 毫克 / 升，铁元素不能超过 0.3 毫克 / 升，锰元素不能超过 0.1 毫克 / 升，铜元素不能超过 1.0 毫克 / 升，锌元素不能超过 1.0 毫克 / 升，挥发酚类不能超过 0.002 毫克 / 升，阴离子合成洗涤剂不能超过 0.3 毫克 / 升。

☆毒理学指标。水中的氟化物不能超过 1.0 毫克 / 升，适宜浓度为 0.5 ~ 1.0 毫克 / 升，氰化物不能超过 0.05 毫克 / 升，砷不能超过 0.04 毫克 / 升，镉不能超过 0.01 毫克 / 升，铬不能超过 0.5 毫克 / 升，铅不能超过 0.1 毫克 / 升。

饮用水的 pH 值应当为 6.5 ~ 8.5，硬度不能高于 25 毫克 / 升

☆细菌指标。水中的细菌含量不能超过 100 个 / 毫升；水中的大肠菌群不能超过 3 个 / 升。

040. 硬水和软水有什么不同

水的软、硬取决于水中钙、镁等矿物质的含量，硬水是指含有较多钙、镁化合物的水。硬水分为暂时硬水和永久硬水，暂时硬水在煮沸之后就会变为软水，而永久硬水经过煮沸也不会

变为软水。

硬水是相对于软水而言的，生活中一般不使用硬水。饮用硬水不会对健康造成直接危害，但是长期饮用会造成胆结石或肾结石。如果用硬水泡茶，茶汤的表面会有一层明显的"锈油"，茶的滋味会大打折扣，茶色也会变得暗淡无光。

当水体硬度较高时，肥皂不易起沫，降低了去污能力

软水就是指不含或含很少可溶性钙、镁化合物的水，天然软水包括江水、河水、湖水等。

日常生活中，人们通过将暂时硬水加热煮沸，使水中的碳酸氢钙或碳酸氢镁分解，不溶于水的碳酸盐沉淀，从而获得作为家庭洗澡、洗衣服的专用软水。生活中使用的水一般都是软水，软水可以加强洗涤效果，令泡沫丰富；可以有效清洁皮肤、抑制真菌、促进细胞组织再生。但由于所含的矿物质过少，不适合人体长期饮用。

软水中离子（特别是钙镁离子）浓度低，其水体表面的张力更大

041. 现代的饮用水有哪几类

☆自来水：自来水是生活中最常见的饮用水，来源于天然水，经过加工处理后成为暂时硬水，饮用前煮沸，水质就可以达标。

☆矿泉水：矿泉水是直接从地底深处自然涌出的或者人工开发的地下矿泉水，含有一定量的矿物质。

☆纯净水：纯净水是蒸馏水、太空水等的统称，属于安全无害的软水。纯净水纯度很高，没有任何添加物，可以直接饮用。

☆活性水：活性水通常以自来水为水源，经过滤、精制、杀菌、消毒形成特定的活性，其具有渗透性、溶解性、富氧化等特点。

☆净化水：净化水就是将自来水管网中的红虫、铁锈、悬浮物等杂物除掉的水。净化水可以降低水的浑浊度、余氧和有机杂质，并可以将细菌、大肠杆菌等微生物截留。

现代生活饮用水大致可以分为自来水、矿泉水、纯净水、活性水、净化水五大类

042. 茶具欣赏

杯体雕有胡人
乐伎八人，形
态各异，惟妙
惟肖

伎乐纹八棱金杯（唐）

器形圆滑规整，
光润如新

罐形单环柄银杯（唐）

壶体浑圆

壶把自壶肩部
分凌空而起，
以三股结于壶
体正上方

壶身光纹细润

红梅怒放

从不同的角度细察壶身所反射出
来的光暗面，柔润细腻者为上品

壶嘴略扬

兽首壶把

翘足

壶口口沿上翘，前低
后高，形似僧帽

鸭嘴形流畅设计

束颈

鼓腹

圈足

壶盖大面平整

线条流畅

短直流设计

平盖

壁直

与器身连接处均以浮雕竹叶点缀

圆口，腹、流、鋬、钮均仿竹而为之

壶身呈竹节状

瓜蒂为壶盖

瓜叶卷成壶嘴

瓜藤为壶把，藤上显出丝丝筋脉

用64根竹子拼成的壶身

用32根小竹做成的4个底足

壶盖处安装的龙首可伸缩自如

龙尾持柄

海水、云雾间鱼龙吐珠的雕刻

壶中蕴含"易有太极，是生两仪，两仪生四象，四象生八卦"之意

盖钮为圆球

壶盖为半球状

壶体近似圆球

梯形壶身

桥钮

平盖

倒三角形持柄

直流设计

第四章

茶之鉴艺

一花一世界，一叶一菩提。人们在茶中观察身外的大千世界，在茶中寻找内心的恬淡平和。茶为人营造清雅的氛围、美的境地，并带来了一种新的感受，它使人内心得以平复，精神得以延伸，其中的技巧则成为一种独特的文化，这就是茶艺。本章将结合实际，细致解析茶艺师选茗、择水、烹煮、鉴赏以及环境搭配的技巧，带你一点点揭开那些举手投足间营造美的奥秘。

043.什么是茶艺

茶艺是饮茶活动特有的文化现象，它包括对茶叶品评技法和艺术操作手段的鉴赏及对品茗美好环境的领略等。

茶艺包含着选茗、择水、烹茶技术、茶具艺术、环境的选择创造等一系列内容，对渲染茶的清纯、幽雅、质朴等特点可起到良好的烘托作用，增强了茶文化的艺术感染力，文人雅士向来注重这种氛围。不同的人品茶有不同的茶艺风格，如文人讲究壶与杯的古朴雅致、环境的清幽静雅；而达官贵族则追求茶具和环境的豪华尊贵。各人只有选对符合自己身份及品位的环境，才能更好地领会茶的美妙。一般来说，品茶多要求清风、明月、松姿、竹韵、梅开、雪霁等种种妙趣环境和意境，这其中包含着中国人传统的美学观点和精神寄托。所以，茶艺是中国人自然观和自身体验的结合体，符合中国传统的"天人合一"哲学观念，也是现代人观念中的"灵与肉"的完美融合。

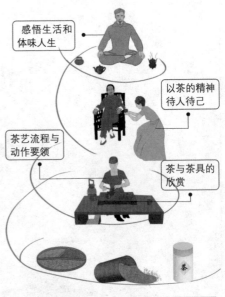

感悟生活和体味人生

以茶的精神待人待己

茶艺流程与动作要领

茶与茶具的欣赏

茶艺体现了人与自然、茶文化形式与精神的和谐统一

044.家庭如何饮茶

泡茶是一门技术，需要用心学习才能掌握。一般来说，泡茶的技术有三个重要的注意事项，就是茶的用量、泡茶的水温、冲泡的时间。把握好这三点，就能泡出好茶。

不同种类的茶叶有不同的特点。有的重香，有的重味儿，有的重型。因此，在泡茶时一定要根据茶的性质而有所侧重。

茶艺的大致程序是净具、置茶、冲泡、敬茶、赏茶、续水，这些是茶艺必不可少的程序，缺一则茶废。如在冲泡绿茶时，温杯净器可使茶叶温润舒展，更好地释放茶中的物质。将水壶上下提三次，可以使茶汤的浓度均匀，俗称"凤凰三点头"，而斟茶的水，只需要七分满就可以了。

茶水剩余1/3时就要续水，不要等到全部饮完再续水，否则茶汤会变得索然无味

★家庭饮茶的特点和必要性

【休闲性】

这是家庭饮茶的首要特点，人们的生活节奏越来越快，工作压力越来越大，在工作之余，家人可以坐在一起品茗聊天，放松身心，这也是人们缓解压力、愉悦身心的一种好方法。

家庭饮茶，可以给人们带来物质和精神上的双重享受，在享受茶叶香味儿的同时，也能享受茶艺茶具带来的趣味，陶冶情操。

【保健性】

茶叶具有养生保健作用，茶叶中的营养成分很丰富，还具有药效，具有提神健脑、生津止渴、降脂瘦身、清心明目、消炎解毒、延年益寿等功效，是人们日常生活中养生保健常用的食品。

【交际性】

以茶会友，是从古至今的一种交际方式。喜欢茶艺的人总是用茶来招待朋友、结交朋友，和兴趣相投的朋友在一起交流饮茶心得、共享新茶，在交流的同时促进友谊。

以茶待客是我国最早的民间生活礼仪，表现出了主人对客人的热情与尊敬，这是中华礼仪的一项重要课程

◆家庭饮茶的环境和茶具的搭配

饮茶是很多人家庭生活中必不可少的事情。家庭饮茶环境的选择，对饮茶时的整体感受十分重要。家庭饮茶环境总体的要求是安静、清新、舒适、干净。一般在家庭中饮茶适宜选择书房、庭院和客厅。

书房，是读书学习的场所，本身就具有安静、清雅的特点。自古茶和书籍都有密不可分的关系，在书香中更能体现出饮茶的意境。

庭院，如在庭院中种植一些花草，摆上茶几、桌椅，和大自然融为一体，饮茶意境立刻就显现出来了。

客厅，可以在客厅的一角辟出一个小空间，布置一些中式家具或是小型藤椅沙发等，饮茶的氛围立刻就营造出来了。午后和家人一起饮茶聊天，是件很惬意的事儿。

人们可以利用家里现有的条件，自己创造出适合饮茶的环境，例如阳台、一个小墙角、书房等

水为茶之母，器为茶之父。在家庭饮茶中，泡茶器具的选择同样重要，下面介绍几种常用的泡茶器具。

紫砂壶，这是家庭常用的泡茶器具之一，材质紫砂、陶瓷均可。壶的大小可以根据人数多少而定。

茶杯，又称品茗杯。饮用不同品类的茶所使用的茶杯的大小不同。一般饮用乌龙茶、红茶等用小茶杯，饮用绿茶通常使用玻璃杯。

茶船，又称为茶池和壶承，是用来放置茶壶的容器。通常用来存放润壶的开水和废弃的茶汤。

茶匙，又称为茶扒，外形类似

煮水器，用来烧开水的器皿，通常由水壶和茗炉组成

汤匙。用以挖取茶壶内泡过的茶叶。在泡过茶之后，茶壶中会塞满茶叶，用茶匙方便将残留的茶叶取出。

茶托，即杯垫，用来放置茶杯或品茗杯。

闻香杯，是用于闻取茶香的直筒小杯，一般冲泡乌龙茶时使用。

盖碗，配有盖子和底托的茶碗。

茶海，也称为茶盅、公道杯。在饮茶时，将茶壶中泡好的茶汤先倒入茶海中，使茶汤浓淡均匀，然后再分别倒入茶杯中。

◆家庭饮茶的冲泡技巧

家庭饮茶的冲泡技巧按照选用茶具的不同一般分为三类，分别为壶泡技法、杯泡技法和盖碗技法。

【壶泡技法】

适合三人以上的多人品茶，冲泡的步骤如下：

☆烫壶：用烧开的沸水浇淋壶身内外，使壶身受热均匀。

☆倒水：将壶中的废水倒入放置茶壶的茶船中。

☆置茶：将茶漏放置在茶壶口处，用茶匙将茶拨入茶壶中，防止干茶外溅。这是茶艺中比较讲究的一种方式。

☆注水：将烧开的水注入茶壶中，直到水将要溢出茶壶口边缘时即可盖上壶盖。

☆制茶：根据所冲泡茶品的相应出汤时间，将茶壶中的茶汤倒入茶盅中，使茶汤浓淡均匀。

☆分茶：将茶汤分别倒入茶杯中，一般为七分满即可。

☆去渣：用茶匙将壶中的茶渣清理干净。

茶水等量、均匀地倒入各杯

茶壶沿着四个茶杯的走势循环移动

四个空茶杯紧密靠在一起，形似城池

"关公巡城"的倒茶方法不仅使各个杯中的茶汤、茶香一致，更兼有一定的艺术美感

【杯泡技法】

☆温杯：将烧开的沸水注入玻璃杯中，于约 1/4 处停止注水。右手执杯，左手托杯底，以逆时针方向转动玻璃杯，使玻璃杯均匀受热。

☆投茶：将准备冲泡的茶叶用茶匙拨到杯中，用量依照个人口味，浓淡适中。

☆摇香：右手执杯，左手托杯底，以逆时针方向转动玻璃杯浸润茶芽，使干茶吸水舒展。

☆注水：悬壶高冲，提壶将水注入茶杯之中，尽量让水流沿杯壁滑落，更好地使茶叶在水中翻动。

☆奉茶：将泡好的茶双手奉送给客人品尝。

【盖碗技法】

☆温盏：用烧开的沸水浇淋盖碗，提升盖碗温度。

茶叶越嫩，用水的温度就越低

水温过高会破坏茶叶中的维生素 C，不利于健康，但是水温太低了又会妨碍到茶叶的香味

☆投茶：将准备冲泡的茶叶用茶匙拨到盖碗中，用量依照个人口味，浓淡适中。

☆润茶：用温度适宜的开水沿盖碗边缘注水，至与盖碗边缘平齐，盖上盖子，逆时针转动盖碗一周后去除多余的茶汤。

☆开香：拿起盖碗盖子，闻香。

☆制茶：将水注入盖碗中，根据冲泡茶品的相应时间将茶汤倒入公道杯中。

☆分茶：将茶汤分别倒入茶杯中，一般为七分满即可。

☆去渣：用茶匙将盖碗中的茶渣清理干净。

 045. 茶艺师是什么职业

茶艺师的职业定义：指在茶艺馆、茶室等场所专职从事茶饮艺术服务的人员。

茶艺师职业等级共设五个等级，分别为初级（国家职业资格五级）、中级（国家职业资格四级）、高级（国家职业资格三级）、技师（国家职业资格二级）、高级技师（国家职业资格一级）。

茶艺师应具有较强的语言表达能力、一定的人际交往能力、形体知觉能力，以及较敏锐的嗅觉、色觉、味觉，和一定的美学鉴赏能力。茶艺专业方面，茶艺师应具有一定的茶文化理论知识储备和技能实操能力。

茶艺师不仅要有丰富的茶叶、茶具、饮茶知识，更要有严谨、专业的职业态度

【茶艺师基础知识要求】

☆茶文化基本知识：包括中国用茶的渊源、饮茶方法的演变、茶文化的精神、中外饮茶风俗。

☆茶叶知识：包括茶树基本知识、茶叶种类、名茶及其产地、茶叶品质鉴别知识、茶叶保管方法。

☆茶具知识：包括茶具的种类及产地、茶具的选用方法。

☆品茗用水知识：包括品茶与用水的关系、品茗用水的分类、品茗用水的选择方法。

茶艺师在表演时，每一个动作都要和谐优美，无论坐、站、行都要规范

☆茶艺基本知识：包括品饮要义、冲泡技巧、茶点选配。

☆科学饮茶：包括茶叶主要成分、科学饮茶常识。

☆食品与茶叶营养卫生：包括食品与茶叶营养卫生基础知识、饮食业食品卫生制度。

☆相关法律、法规知识：包括《劳动法》相关知识、《食品卫生法》相关知识、《消费者权益保护法》相关知识、《公共场所卫生管理条例》相关知识、劳动安全基本知识等。

 046. 如何进行茶艺表演

　　茶艺表演一般由主泡茶艺师一人和助泡茶艺师一人或多人进行。表演期间，茶艺师出场进场的顺序，行走的路线，行走时的动作，敬茶、奉茶的顺序、动作，客人的位置，器物使用的顺序，器物摆放的位置，器物移动的顺序及路线等，都有一定的艺术性和规范性。人们往往注重器物移动的目的地，而忽视了移动的过程，而这一过程正是茶艺表演与一般品茶流程的明显区别之一。这些位置、顺序、动作所遵循的原则是合理性、科学性，符合美学原理及遵循茶道精神"和""敬""清""寂"，符合中国传统文化要求"廉""美""和""敬"。

　　对茶艺表演者的要求不仅在于外表，还要注重内在的气质。茶艺的表演不同于一般的表演，茶艺表演主要表现的是一种文化精神，要表达出清淡、明净、恬静、自然的意境。

　　茶艺师在表演时，动作要到位，过程要完整。茶艺师在生活中需要不断加强自身的文化修养，初学者不能从内在体现茶艺的韵味，那外在就要表现得更加自然和谐、从容优雅，在自身修养逐步提高后，自然就能做到温文尔雅，让客人感受到悠远的意境。

　　茶艺师在表演时要和观众进行交流，这是茶艺师很重要的一课。表演时如果和观众没有交流，只是自己一味地表演，表演必然没有氛围。茶艺师的动作、手势、体态、姿态、表情、服饰都要自然统一，在表演时要用心去感受、体会茶艺的精神。

神情淡定

身姿和谐

动作优雅

> 茶艺师举手投足间的呈现与变化都能表现出其自身的内在气质，从容不迫才能给人以沉稳之感

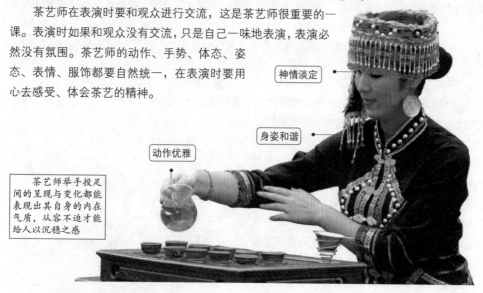

87

茶艺师的气质要求离不开文化底蕴，这样才能表达出茶艺的"精、气、神"。茶艺师在表演茶艺时，要让观赏者静静体会其中的幽香雅韵。如果没有内在，只是外在的表演，那么茶艺师根本就表现不出茶文化的内涵，只是单纯在表演而已。

茶艺师在表演时，要用身体姿态和动作表现出内在气质。例如坐姿、站姿、走姿、冲泡动作、面部表情等，这些都可以体现一个茶艺师的气质。

茶艺师要在表演中不断完善自己，用茶来表达自己，要将自己的思想融合在表演的每一个细节中。茶艺师在表演时要顺应茶性，将茶的特色和本色冲泡出来，这样才能将茶的真谛表达出来。

虽然在茶艺表演中很难做到完全"清"，但是茶艺一定要追求"清"，给人们营造一个"清"的氛围

茶艺表演的艺术性是"清、净、美"。

"清"就是纯洁、无邪、清醒、无杂念。茶艺表演中的"清"则要求人、水、环境保持清爽，"清"的另一个含义就是茶可以使人头脑清醒。

"净"是指洁净、净化。在茶艺表演中要求人的衣着、环境、茶叶、茶具、水保持洁净，人的洁净包括头发、手、衣服等，女性不要浓妆艳抹使人感到不舒服。桌椅要清洁，表演场所没有杂物。茶具必须干净，符合饮用标准。"净"还指人在思想上、心灵上得到净化，没有杂念。

"美"是指美好、优美。茶艺表演要符合茶道美学的要求，还要符合中国传统的审美情趣。

【茶艺表演中的茶席设计】

在茶艺表演中，除了茶艺师的冲泡技法、仪表服饰、礼仪修养外，茶艺表演的环境、茶席的布置和花器、香道用具的摆放也同样重要。

茶艺表演的环境要雅致，使人赏心悦目。一般茶艺表演的环境分为室内环境和室外环境两种。对于室内环境，一般要求干净整洁、装修简素、气氛温馨、格调高雅，可提升品茶者的舒适感和亲切感。对于室外环境，中国茶艺更喜欢林泉逸趣的境界，因为在这种环境中品茶最能体现出对茶道的追求。

茶艺表演中的茶具搭配同样是很重要的一个内容，茶具是茶艺表演的外在表现。选择茶具时，一定要和茶叶的品质特点相匹配，也要能体现茶艺的精神内涵。

茶席，是指举办茶会的场所，也就是泡茶、喝茶的地方，其设置风格应与茶艺表演的风格相一致

茶艺表演中的插花不同于一般的插花，在茶艺表演中运用插花是为了体现茶的精神，追求自然、朴实、淡雅的风格，花不求多，只要有一两枝点缀即可。

茶艺表演中的插花形式可以分为直立式、倾斜式、悬挂式和平卧式四种。直立式指鲜花的主枝干呈直立状，其他配花也都呈直立向上的姿态；倾斜式指花的主枝干呈倾斜姿态；悬挂式指花的主枝在花器上的造型为悬挂而下；平卧式指的是全部的花卉在一个平面上。茶席插花中，最常用的是直立式和悬挂式。

【茶艺表演中的插花意境】

茶艺表演中的插花意境有具象和抽象两种表现手法。具象表现是指没有夸张的设计，一切动作都是平凡真实的，没有刻意营造的迹象，意境清晰明了。抽象表现是指表现的手法以夸张和虚拟为主。

在茶艺表演中，花器是插花的关键，插花的造型很大程度上都需要花器作托，不同的花器表现出来的造型是截然不同的。总体来说，茶艺表演中的花器需要和花配合，大小适中，一般选择竹、木、草编、藤编和陶瓷的材质，可以表现出原始、自然、朴实的美感。

茶艺插花的基本要求是简洁、淡雅、小巧、精致，其作用主要是体现茶道精神与烘托意境

047. 如何欣赏茶艺表演

茶艺的欣赏，实际上是将个人的主观感受融入茶艺表演及品茶的过程当中，从而得到一种人生的体验和感悟。同样是一场茶艺活动，不同的人会有不同的认识和看法。这与人们的鉴赏能力、审美能力、对茶文化的了解、选择的角度以及心态等都有着密切的联系。

懂得欣赏，才能获得充分的艺术享受。对茶艺的欣赏，常因个人的具体情况不同，表现出不同的境界。具体可以从观形、观韵、悟道三个层次来认识。

观形——茶艺欣赏中一种入门级别的境界。通常品茶者注意的是茶艺的一些外在形态，比如动作、过程、介绍、环境布置等内容，了解的只是茶文化的表面，还没有真正进入茶艺活动之中。

观韵——在这种情况下，要求品茶者对茶文化及茶艺内涵有一定的了解，熟悉茶艺活动的基本过程，对品茶有较深的感受和体验，能够投入茶艺活动之中。既能欣赏茶艺表演外在形而上的艺术展示，又能随着茶艺活动的深入，感受茶艺的内涵，并能在思想上引起一些反

人们通过茶艺表演不但可以得到美的享受，更能获得情操的熏陶

应和变化，从中寻找茶艺的真正情趣。

悟道——悟道是茶艺活动中一种较高的境界。它需要有较高的修养和悟性。参加茶艺活动者更注重的是茶艺内在的东西，并能从中得到启发，开阔思路，调整心绪。把茶艺过程作为自我修养的一个过程，并全身心投入，往往能进入忘我的境界，超然物外，在这种情况下，茶艺已完全融入个人的生活工作当中。

048. 绿茶茶艺表演

流程：列具—烹泉—赏茶—温杯—纳茶—润茶—冲泡—献茶—品尝。

备茶（绿茶）：西湖龙井、碧螺春、毛尖等。

备器：煮水壶、透明玻璃杯、茶叶罐、茶荷、茶匙、水盂或茶海、茶巾、饮用水、线香或盘香、香炉。

基本程序：焚香静心—初识仙姿—鉴赏甘霖—仙子沐浴—玉壶含烟—雨涨秋池—飞雪沉江—春染碧水—绿云飘香—初尝玉液—再啜琼浆—三品顿开。

虎跑泉，位于浙江省杭州市西南大慈山白鹤峰下慧禅寺，有"天下第三泉"的赞誉，用甜美的虎跑泉泉水冲泡清香的龙井名茶，鲜爽清心，茶香宜人

【焚香静心】

在品茶之前，先点燃一支香，让心平静下来，静而安，安而定，定而惠，惠而悟，悟而得。自然清香，即所谓的"茶须静品，香能静心"。

【初识仙姿】

绿茶的外形扁平挺直，匀齐光滑，享有色绿、香郁、味鲜、形美"四绝"之誉。

【鉴赏甘霖】

以茶则提取适量龙井绿茶，或将龙井茶拨入茶荷，观其形闻其香。

【仙子沐浴】

用100℃的开水由上至下温润杯子，以晶莹剔透的玻璃杯泡绿茶，好比为冰清玉洁的仙子沐浴，以此表示对茶的崇敬。

【玉壶含烟】

将煮水壶的盖子拿掉，让壶中的开水随着水汽的蒸发而自然降温至85℃左右。因壶口蒸汽袅袅，正应了"玉壶含烟"。

【雨涨秋池】

向玻璃杯中提壶注水至三分满，将茶荷内的茶叶轻轻拨入玻璃杯中。（因绿茶细嫩易碎，因此从茶叶罐中取茶叶时，应用茶匙轻轻拨取，或用旋转茶叶罐的方式倒出。）此名称出自唐代诗人李商隐的"巴山夜雨涨秋池"。

【飞雪沉江】

碧绿的茶芽经过水的浸润，慢慢舒展，就如雪花飘落一般，纷纷扬扬落至杯中，吸收水分后即下沉，瞬间如白云翻滚、雪花翻飞，这就是飞雪沉江。

【春染碧水】

茶汤逐渐变绿，如春姑娘初降人间，整个大地充满了绿意。

【绿云飘香】

将玻璃杯子移到鼻前轻嗅，感受绿茶独有的清香。碧绿的茶芽在杯中如绿云翻滚，袅袅的蒸汽使得茶香四溢，清香袭人。

【初尝玉液】

头一口如尝玄玉之膏、云华之液，会感到色淡、香幽、汤味鲜雅，趁热细品。

【再啜琼浆 】

再啜感到茶汤更绿、茶香更浓、滋味更醇，并开始感到润喉回甘、满口生津。

【三品顿开】

品第三口茶时，已不仅仅是品茶，而是品春天的气息、万物的生机、人生的真谛，茅塞顿开。

 049. 红茶茶艺表演

祁门红茶的汤色红艳，杯沿有一道明显的"金圈"

流程：备器—煮水—温具—置茶—泡茶—闷茶—分茶—品茶。

备茶（红茶）：金骏眉、正山小种、祁门红茶等。

备器：透明玻璃壶1把，透明玻璃公道杯1个，品茗杯4~6只，陶制泥壶或随手泡1套，茶荷、茶匙、茶夹、茶巾、茶船、奉茶盘各1个。

基本程序："宝光"初现—清泉初沸—温热壶盏—"佳茗"入宫—悬壶高冲—重

91

洗仙颜—分杯敬客—喜闻幽香—鉴赏汤色—品味鲜爽—再赏余韵—三品得趣。

红茶品质特点是外形红、汤水红、叶底红。

【"宝光"初现】

欣赏红茶的乌黑润泽，即观赏"宝光"。

【清泉初沸】

随手泡中的泉水经加热，微沸，壶中上浮的水泡仿佛"蟹眼"。

【温热壶盏】

用初沸之水注入玻璃壶、公道杯、品茗杯中，为壶、杯升温，同时向来宾行欢迎礼。

【"佳茗"入宫】

用茶匙将茶荷中的红茶轻轻拨入壶中。戏做小诗君莫笑，从来佳茗似佳人。

【悬壶高冲】

用初沸的水（100℃左右）高冲，可以让茶叶在水的激荡下充分浸润，以利于色、香、味的充分发挥。

【重洗仙颜】

因第一泡茶只有茶香并无茶味，所以我们倒掉不喝。再次将100℃左右的沸水注入壶中，5~8秒后将茶汤注入公道杯中，此时茶汤的口感最佳。

【分杯敬客】

将公道杯中的茶汤均匀地分入每一个品茗杯中，使品茗杯中的茶的色、味一致。注意：斟茶需斟七分满，留下三分是情谊。

【喜闻幽香】

红茶是世界上公认的三大高香茶之一，其香浓郁高长，有"群芳醉"之称。因此，泡好的红茶，一定先闻它的浓香。

【鉴赏汤色】

茶汤的明亮度和颜色表现了红茶的发酵程度和茶汤的鲜爽度。观赏叶底时，优质红茶叶底嫩软红亮。因此，观赏红茶汤是一种清雅的享受。

【品味鲜爽】

红茶滋味醇厚，回味绵长，茶人需缓啜慢饮。

【再赏余韵】

一泡之后，可再次冲泡。

【三品得趣】

红茶通常可冲泡三次，三次的口感各不相同，细饮慢品，徐徐体会茶之真味，方得茶之真趣。

050. 青茶茶艺表演

流程：备具—备点—备水—温具—取茶—赏茶—冲泡—淋壶—分茶—奉茶—闻香—品茗—净具。

备器：紫砂壶 1 把，品茗杯 4~6 个，闻香杯 4~6 个，茶道六君子、茶巾、盖置、壶承、茶荷、奉茶盘各 1 份，随手泡或者烧水壶 1 套，香炉、线香或香粉各 1 份。

备茶（乌龙茶）：大红袍、铁观音、水仙等。

铁观音由于发酵期短仍偏寒性，消脂促消化功能突出，茶香浓郁，尤耐冲泡，需注意空腹不能喝铁观音，否则易醉茶

茶艺流程：焚香静气—活煮甘泉—孔雀开屏—叶嘉酬宾—孟臣淋霖—高山流水—"佳茗"入宫—百丈飞瀑—乌龙入海—分盛甘露—再洗仙颜—内外养身—游山玩水—再注甘露—祥龙行雨—鲤鱼翻身—喜闻高香—尽杯谢茶。

【焚香静气】

焚点檀香，以檀香之气为引，营造肃穆祥和的气氛。

【活煮甘泉】

泡茶以山水为上，用活火煮至初沸。

【孔雀开屏】

向客人介绍冲泡的茶具。

【叶嘉酬宾】

请茶客观赏茶叶，并向人们介绍乌龙茶的外形、色泽、香气特点。

【孟臣淋霖】

用 100℃开水浇淋紫砂壶内外，提高壶温。

孟臣壶因制壶大师惠孟臣而得名，后来人们用孟臣壶特指名贵的紫砂壶。

【高山流水】

即温杯洁具，把紫砂壶里的水倒入品茗杯中，动作舒缓起伏，保持水流不断。

【"佳茗"入宫】

将乌龙茶轻轻拨入紫砂壶中。

【百丈飞瀑】

沿着壶壁逆时针方向注水，旋转一周后提壶定点注水，使茶叶更好地舒展、释放。

【乌龙入海】

冲泡乌龙茶讲究"头泡汤，二泡茶，三泡四泡是精华"，因此我们将头泡茶汤倒掉不喝。由于茶汤从紫砂壶口流出注入公道杯中，所以我们将这称为乌龙入海。

【分盛甘露】

将公道杯中的茶汤均匀分到闻香杯中。

【再洗仙颜】

向紫砂壶内注入 100℃沸水至壶口边缘，用盖子刮去浮沫，犹如春风拂面。

【内外养身】

将闻香杯中的茶汤浇淋在紫砂壶表面，在起到养壶的作用的同时，又可保持壶表的温度，能更好地养壶润茶。

【游山玩水】

用紫砂壶在茶船边缘旋转一圈后，移至茶巾上吸干壶底的水。

【再注甘露】

此刻将第二道茶之精华注入公道杯中，鉴赏汤色。

【祥龙行雨】

将公道杯中的茶汤快速均匀地注入闻香杯中至七分满，将此过程称为"祥龙行雨"。

【鲤鱼翻身】

将品茗杯扣在闻香杯上，称为"夫妻和合"，将倒扣的杯子翻转过来，又称"鲤鱼翻身"，

取鱼跃龙门、事业飞黄腾达之意。

【喜闻高香】

用闻香杯鉴赏乌龙茶的香气，先闻香，再观色，后品饮，方为品茶之境界。

【尽杯谢茶】

优质的青茶素有"七泡仍有余香"的说法，七泡过后，若只为饮茶尚可，若为品茶则茶味尽失。

 051. 白茶茶艺表演

流程：备具—备水—焚香—赏茶—温杯—置茶—浸润泡—摇香—冲泡—奉茶—品茶—收具。

稍待5分钟后，汤色泛黄时即可细细品味其味道

备器：玻璃杯、茶巾、茶荷、奉茶盘各1份，随手泡或者烧水壶1套，香炉、线香或香粉各1份。

由于银针白毫在制作时未经揉捻，因而冲泡后茶叶内含的物质不易即刻释出

备茶（白茶）：白毫银针、白牡丹、寿眉等。

茶艺流程：天香生虚空；万有一何小；空山新雨后；花落知多少；泉声满空谷；池塘生春草；谁解助茶香；努力自研考。

【天香生虚空】

一缕香烟，悠悠袅袅，把茶人带到"虚无空灵""湛然冥真心"的境界。

【万有一何小】

向品茶者介绍银针白毫的品质特征与人文传说，将少量茶叶置于茶荷中，令其品鉴。根据佛家说法，万事万物（万有）都可纳入须弥芥子之中，一花一世界、一茶一乾坤，鉴茶不仅仅是欣赏茶叶的色、香、味、形，更注重探求茶中包含的无限的大自然信息。

【空山新雨后】

杯如空山，水如新雨，茶滋于水，水鉴于器，此流程呈现了茶、水、器的完美融合，意境深远。

【花落知多少】

将茶荷中的茶叶拨入玻璃杯，茶叶如花飘然而下。

【泉声满空谷】

提壶将水沿杯壁冲入杯中，水量为玻璃杯的 1/4，使茶叶浸润 10 秒钟，然后以高冲法冲入开水，水温以 70℃为宜。"泉声满空谷"来自宋代欧阳修的《虾蟆碚》，形容冲水时甘泉飞注、水声悦耳的景象。

【池塘生春草】

形容冲泡白毫银针时，透过玻璃杯看到的趣景：一开始茶芽浮于水面，在热水的浸润下，茶芽逐渐舒展开，吸收水分后沉入杯底，此时茶芽条条挺立，在碧波中晃动，如迎风曼舞，像是要冲出水面去迎接阳光。

【谁解助茶香】

从古至今，万千茶人都爱闻茶香，又有几个人能说得清、解得透茶清郁、隽永、神秘的生命之香。

【努力自研考】

摒弃功利之心，以闲适无为的情怀，细细品味茶的清香、茶的意境，努力使自己步入超凡的境界，品出茶中的物外高意。

052. 黄茶茶艺表演

流程：备具—择水—净手—候汤—温杯—投茶—浸润泡—冲泡—品饮。
备器：玻璃杯、茶巾、茶荷、奉茶盘各 1 份，随手泡或者烧水壶 1 套。
备茶（黄茶）：君山银针。
茶艺流程：银针出山—活煮山泉—盥手净心—温热杯身—擦干水珠—银针入杯—悬壶高冲—盖杯静卧—刀枪林立—三起三落—白鹤飞天—喜闻清香—品饮奇茗—尽杯谢茶。

【银针出山】

向客人展示君山银针茶的外形，茶芽整齐划一地放在展盘中，并向客人介绍君山银针的特点。

【活煮山泉】

泡茶用的水以山泉为最佳，适合用新煮沸的水。如果水温过低，则不利于茶芽在杯中竖立。

【盥手净心】

无论是茶艺师还是品茶人，都要盥手净心，这个是和中国茶道中的清、静、和、虚相对应的，目的是要品茶人心中无杂念、专心致志地品茶。

【温热杯身】

用开水预热茶杯，这样可以避免泡茶的水过快变凉，同时也能清洗茶杯。

【擦干水珠】

将茶杯中的水珠擦干，这样可以避免茶芽吸水而降低竖立率。

【银针入杯】

冲泡君山银针适合用透明玻璃杯，这样方便观察茶叶冲泡时在杯子中的姿态。每个杯子中大约投入干茶 3 克，这个量最适合观赏。

【悬壶高冲】

用高冲法冲泡茶，冲注时要先快后慢，分两次冲泡。第一次冲泡至杯身 2/3 处停下，观察杯中茶叶的变化。

【盖杯静卧】

将玻璃片盖在茶杯上，可以让茶芽均匀吸水，便于内含物质溢出，使茶针下沉速度更快。茶针下沉过程会比较慢，这时需耐心静待。

茶芽内部含有空气，会在茶芽尖端产生气泡，使茶芽微微张开，很像雀鸟的喙，因此叫"雀嘴含珠"或"雀舌含珠"。

【刀枪林立】

茶芽直立在杯中，有点像刀枪竖立于杯中，此时轻轻摇动茶杯，茶芽会随着摆动，有着"林海涛声"的意境。

【三起三落】

茶芽沉入杯底后，还会有少数上升，称为"三起三落"。

【白鹤飞天】

冲泡大约 5 分钟后，除去杯盖，会看见一缕水蒸气从杯中缓缓升起，再冲开水至接近杯口。

【喜闻清香】

轻轻闻香，茶香清雅，给人带来清爽的感觉。

【品饮奇茗】

慢慢细品，茶汤滋味鲜爽，回味甘甜。

【尽杯谢茶】

将杯子中的茶饮尽，主客道谢、告别。

 053. 黑茶茶艺表演

流程：备具—温壶—投茶—润茶—浸润泡—分茶—敬茶。

备器：紫砂壶 1 把，品茗杯 4~6 个，茶道六君子、公道杯、茶巾、盖置、壶承、茶荷、奉茶盘、茶海或水盂各 1 份，随手泡或者烧水壶 1 套。

备茶（黑茶）：安化黑茶、熟普洱、六堡茶等。

茶艺流程：孔雀开屏—温杯洁具—高山流水—普洱入宫—游龙戏水—淋壶增温—蛟龙出海—再斟流霞—玉液移杯—凤凰点头—若深听泉—品香审韵—自斟慢饮—敬奉茶点—尽杯谢茶。

【孔雀开屏】

介绍普洱茶、冲泡的茶具，让客人了解普洱茶的特点和功效，茶具的用处等。

【温杯洁具】

用沸水浇淋紫砂壶内外、公道杯、品茗杯等器具。

【高山流水】

用茶夹将品茗杯中温杯的水以三起三落的手法倒入公道杯。

【普洱入宫】

将茶道六君子中的茶漏落于紫砂壶口处，再用茶匙将普洱茶轻轻拨入紫砂壶中，茶漏的使用可以防止干茶外溅，茶乃至圣至洁之灵物，茶艺师需用心拨茶入壶。

【游龙戏水】

采用低位定点注水的手法，将壶中的水慢慢注入紫砂壶中，使水慢慢浸润干茶，注水至壶口处，将紫砂壶盖子盖上。

【淋壶增温】

把公道杯中初泡的水浇淋在紫砂壶上，既可以养壶增色，又可以保持壶内外温度一致，使茶汤口感更加醇厚。

【蛟龙出海】

黑茶因其制作工艺的特殊性，需要润茶两次方能品味茶中精华，所以我们将第一道润茶水倒掉，这道程序似一条蛟龙从壶中飞出，故又称蛟龙出海。第二泡茶汤同样倒掉。

【再斟流霞】

再次将随手泡中的沸水以低位定点注水法注入紫砂壶中，温润浸泡。

【玉液移杯】

盖上茶盖，静放片刻，打开盖子，将紫砂壶中的茶汤倒入公道杯中，使茶汤浓淡均匀一致。

【凤凰点头】

在将茶汤倒入公道杯时，要用三起三落的手法，称为"凤凰三点头"，表示对客人的尊敬。

【若深听泉】

把公道杯中的匀好的茶汤依次倒入品茗杯中，大约七分满即可。

【品香审韵】

将品茗杯放在奉茶盘上，请客人品茗。

【自斟慢饮】

可以让客人自己续水，亲身感受冲泡茶的趣味。

【敬奉茶点】

根据客人不同的需要奉上茶品。

【尽杯谢茶】

主人与来客起身共饮杯子中的茶，然后相互祝福、道别。

 ## 054. 茶道源于哪儿

茶道最早起源于中国，国人将茶称为"国饮"。饮茶是一种精神上的享受，是一种艺术，或是一种修身养性的手段。茶道就是通过茶引导个体在美的享受过程中完成品格修养，以实现和谐安乐之道。

茶道最早起源于中国，中国人至少在唐朝以前，就在世界上首先将茶饮作为一种修身养性之道。唐朝《封氏闻见记》中就有这样的记载："茶道大行，王公朝士无不饮者。"这是现存文献中对茶道的最早记载。千百年来，"道"作为一种古代哲学所奉行、尊崇的理想模式，存在于人们生活、思维的方方面面。"茶之道"循迹于茶艺当中，是一种以修行得道为终极宗旨的最高层次饮茶艺术。"道"是中国哲学的最高范畴，一般指宇宙法则、终极真理、事物运动的总体规律、万物的本质或本源。茶道指以茶艺为载体，以修行得道为宗旨的饮茶艺术，包含茶礼、礼法、环境、修行等要素。

我国近代学者吴觉农认为：茶道是把茶视为珍贵高尚的饮料，饮茶是一种精神上的享受，

是一种艺术，或是一种修身养性的手段。庄晚芳将中国的茶道精神归纳为"廉、美、和、敬"，解释为：廉俭育德、美真廉乐、和诚处世、敬爱为人。陈香白先生则认为：中国茶道包含茶艺、茶德、茶礼、茶理、茶情、茶学说以及茶道引导七种义理，中国茶道精神的核心是"和"。

中国饮茶的历史久远，最初的茶是作为一种食物而被认识的。唐代陆羽在《茶经》中说："茶之饮，发乎神农。"古人也有传说："神农尝百草，日遇七十二毒得茶而解。"相传神农为上古时代的部落首领、农业始祖、中华药祖，史书还将他列为三皇之一。据说，神农当年是在鄂西神农架中尝百草的。神农架是一片古老的山林，充满着神秘的气息，至今还保留着一些原始宗教的图腾。

中国茶道无处不体现着浓郁的东方文化内涵

茶道发展到中唐时期，无论是在社会风气上，还是在理论知识方面，都已经形成了相当可观的规模。在理论界出现了陆羽——中国茶道的鼻祖。他所写的《茶经》从茶论、茶之功效、煎茶炙茶之法、茶具等方面作了全面系统的论述。陆羽倡导的饮茶之道，包括鉴茶、选水、赏器、取火、炙茶、碾末、烧水、煎茶、品饮等一系列程序、礼法和规则。他强调饮茶的文化和精神，注重烹煮的条件和方法，追求宁静平和的茶趣。

在社会饮茶习俗上，唐代茶道以文人为主体。诗僧皎然提倡以茶代酒，以识茶香为品茶之得，他在《九日与陆处士羽饮茶》中写道："俗人多泛酒，谁解助茶香。"诗人卢仝《走笔谢孟谏议寄新茶》一诗，让"七碗茶"流传千古。钱起《与赵莒茶宴》和温庭筠《西陵道士茶歌》认为，饮茶能让人"通仙灵""通杳冥""尘心洗净"。唐末刘贞亮《茶十德》认为，饮茶使人恭敬、有礼、仁爱、志雅，成为一个有道德的知礼之人。

手托茶盘的侍女 调琴的乐师 品茶听琴的贵妇

调琴啜茗图（唐）唐人将饮茶作为一种修身养性的途径，致使茶道在王侯贵族间风靡一时

茶道发展到宋代，由于饮茶阶层的不同，逐渐走向多元化。文人茶道有炙茶、碾茶、罗茶、侯茶、温盏、点茶过程，追求茶香宁静的氛围、淡泊清尚的气度。宫廷的贡茶之道讲究茶叶精美、茶艺精湛、礼仪繁缛、等级鲜明。宋徽宗赵佶在《大观茶论》中说茶叶"祛襟涤滞，致清导和""冲淡闲洁，韵高致静"，说明宫廷茶道还有教化百姓之特色。宋代民间还流行以斗香、斗味儿为特色的"斗茶"。

明代朱权改革茶道，把道家思想与茶道融为一体，追求回归自然的境界。明末冯可宾讲述

手捧茶盘的侍女

伸手取茶待客的妇人

端庄尔雅的访客

饮茶图（宋）茶道从个人的修养身心发展至一种社会风气，相关的茶事、茶礼、茶俗逐步丰富起来

了饮茶的一些宜忌，主张"天人合一"，比赵佶的茶道又深入一层。明太祖朱元璋改砖茶为散茶，茶由烹煮向冲泡发展，程序由繁至简，更加注重茶质本身和饮茶的气氛环境，从而达到返璞归真。

055. 茶道与宗教有什么关系

和——中国茶道哲学思想的核心。

"和"是儒、释、道三教共通的哲学理念。茶道追求的"和"源于《周易》中的"保合大和"，"保合大和"的意思指世间万事皆由阴阳两要素构成，阴阳协调，"保合大和"之元气以普利万物才是人间真道。茶圣陆羽在《茶经》中对此论述得很明白。惜墨如金的陆羽不惜用 250 个字来描述他设计的风炉。他指出：风炉用铁铸从"金"；放置在地上从"土"；炉中烧的木炭从"木"；木炭燃烧从"火"；风炉上煮的茶汤冲水煮茶的过程就是金木水火土五行相生相克，并达到和谐平衡的过程。可见五行调和等理念是茶道的哲学基础。

寺院专用供佛的茶叶，称为佛茶

佛道茶艺用器无处不体现出一种质朴的美

传统的汉文化是一种悠久的农耕文明，中国的茶文化也正根植于这种深厚的文化基础之上。正是这种古老的农耕文明，导致了我们的先民对茶的那种自然崇拜。在数千年的文明历史中，中国的传统文化精神基本上都是由儒、释、道三教精神及其影响组成的。而这些精神同样影响和制约了茶文化的发展和走向。茶文化在历史的长河中在三教精神的共同影响和作用下形成体系，日益成熟。

◆茶道与道教的关系

　　茶道与道教结缘的历史已久，道教把茶看得很重。道教敬奉的三皇之一"农业之神"——神农氏，就是最早使用茶者，道教认为神农寻茶就是在竭力寻找长生之药，所以道教徒皆认为"茶乃养生之仙药，延龄之妙术"，茶是"草木之仙骨"。

　　早在晋代时，著名的道教理论家、医药学家、炼丹家葛洪，就在《抱朴子》一书中留下了"盖竹山，有仙翁茶园，旧传葛元植茗于此"的记载。壶居士《食忌》记载："苦茶，久食羽化（羽化即成仙的意思）。"因此，在魏晋南北朝时期，道教徒中流传着很多把饮茶与神仙故事结合起来的传说。如《广陵耆老传》讲述了这样一个故事，晋代有一位以卖茶为生的老婆婆，官府以败坏风气为名将她逮捕，没想到的是，夜间老婆婆居然带着茶具从窗户飞走了。《天台记》中也记载："丹丘出大茗，服之羽化。"这里的丹丘是汉代一位喜饮茶养

道教茅山派陶弘景在《杂录》中说茶能轻身换骨，可见茶已被夸大为轻身换骨和羽化成仙的"妙药"

华山栈道 道教观多建于名山胜地，环境清幽，盛产佳茗，其栽茶、制茶之环境得天独厚

生的道士，传说他饮茶后得道成仙。唐代和尚皎然曾作诗《饮茶歌送郑容》曰"丹丘羽人轻玉食，采茶饮之生羽翼"，再现了丹丘饮茶的往事。

　　由于饮茶具有"得道成仙"的神奇功能，所以道教徒都将茶作为修炼时重要的辅助工具。根据《宋录》的记载，道教把茶引入修炼生活，道士不但以饮茶为乐，还提倡以茶待客、以茶代酒，把茶作为祈祷、祭献、斋戒甚至"驱鬼捉妖"的贡品，还将茶视为延年益寿、祛病除疾的养生方法，此举间接促进了民间饮茶习惯的形成。

　　道教徒之所以饮茶、爱茶、嗜茶，这与道教对人生的追求密切相关。道教以生为乐，以长寿为大乐，以不死成仙为极乐。饮茶的高雅脱俗、潇洒自在恰恰满足了道教对生活的需要，所以道教徒喜茶就不言而喻了。另外，道教徒喜欢闲云野鹤般的隐士生活，向往"野""幽"的境界，这也正是茶生长的环境，具有了"野""幽"的禀性，因此，饮茶是道士对最高生活境界的追求。

◆茶道与佛教的关系

自佛教传入中国后，由于佛教教义及僧侣生活的需要，佛教与茶结下深缘。苏东坡曾作诗曰："茶笋尽禅味，松杉真法音。"说明了茶中有禅，禅茶一味的奥妙。而僧人在坐禅时，茶叶还是最佳饮料，具有清火、提神、明目、解渴、消疲解乏之效。因此，饮茶是僧人日常生活中不可缺少的重要内容，在中国茶文化中，佛的融入是独具特色的亮点。

佛教徒饮茶史最早可追溯到东晋。《晋书·艺术传》记载，单道开在后赵的都城邺城（今河北临漳）昭德寺坐禅修行，不分寒暑，昼夜不眠，每天只"服镇守药数丸""复饮茶苏一二升而已"。在唐代禅宗兴起后，茶在寺院普及，并随着僧人推广到北方。

禅机需要用心去"悟"，而茶味则要靠"品"，悟禅与品茶便有了说不清的共同之处

经过五代的发展，至宋代时，禅僧饮茶已十分普遍。据史书记载，南方凡是具备种植茶树条件的地方，寺院僧人都开辟为茶园，僧人已经到了一日几遍茶，不可一日无茶的地步。普陀山僧侣早在五代时期就开始种植茶树。一千多年来，普陀山温湿、阴潮，长年云雾缭绕的自然条件为普陀山的僧侣植茶、制茶创造了良好的条件，普陀山僧人烹茶成风，茶艺甚高，制成了誉满中华的"普陀佛茶"。茶道与佛教在长期的融合中，形成了中国特有的茶文化。因为寺院中以煮茶、品茶闻名者代不乏人，如唐代的诗僧皎然，不但善烹茶，还与茶圣陆羽是至交，而且留下许多著名的茶诗。

◆茶道与儒家的关系

中国茶道思想融合了儒、佛、道诸家精华。儒家思想开放包容，经世致用，受历代儒客尊崇。茶文化的精神就是以儒家的中庸为前提，在和谐的气氛之中，边饮茶边交流，抒发志向，增进友情。清醒、达观、热情、亲和、包容的特点，构成了儒家茶道精神的格调。

儒家学派创始人孔子，其"中庸""礼治"的思想对后世茶道、茶礼的影响颇为深远

佛教在茶宴中伴以青灯，明心见性；道家茗饮寻求空灵虚静，避世超尘；儒家以茶励志，沟通人性，积极入世。它们在意境和价值取向上都不尽相同，但是它们都追求和谐、平静，这其实仍是儒家的中庸之道。

 056. 中国茶讲究什么

中国茶道的四谛，即和、静、怡、真。

和，是儒、佛、道所共有的理念，源自于《周易》"保合大和"。在泡茶之时，则表现为"酸甜苦涩调太和，掌握迟速量适中"。和，是一种恰到好处的中庸之道。

静，是中国茶道修习的必由途径。中国茶道是修身养性、追寻自我之道。茶须静品，宋徽宗赵佶在《大观茶论》中说："茶之为物……冲淡闲洁，韵高致静。"静则明，静则虚，静可虚怀若谷，静可内敛含藏，静可洞察明鉴，静可体道入微。

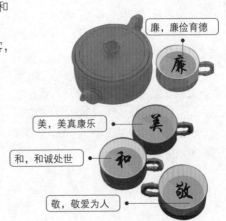

静，恬淡宁静的氛围，空灵虚静的心境

怡，和悦之美，怡然自得

真，志存高远，率性求真

和，是一种恰到好处的中庸之道

怡，和悦之美，怡然自得。怡，是指茶道中的雅俗共赏、怡然自得、身心愉悦。

真，是茶道的终极追求。茶道中的真，范围很广，表现在茶叶上，真茶、真香、真味；环境上，真山、真水、真迹；器具上，真竹、真木、真陶、真瓷；态度上，真心、真情、真诚、真闲。

◆ 中国茶道的四字守则是什么

中国茶道，是由原浙江农业大学茶学系教授庄晚芳先生所提倡。它的总纲为四字守则：廉、美、和、敬。其含义是：廉俭育德，美真康乐，和诚处世，敬爱为人。

清茶一杯，推行清廉，勤俭育德，以茶敬客，以茶代酒，大力弘扬国饮。

清茶一杯，名品为主，共品美味，共尝清香，共叙友情，康乐长寿。

清茶一杯，德重茶礼，和诚相处，以茶联谊，美化人际关系。

清茶一杯，敬人爱民，助人为乐，器净水甘，妥用茶艺，修养身心。

廉，廉俭育德

廉

美，美真康乐

美

和，和诚处世

和

敬，敬爱为人

敬

057. 什么是茶人精神

"茶人"一词最早出现于唐代诗人皮日休《茶中杂咏》一诗中，刚开始是指采茶制茶的人，后来又扩展到从事茶叶贸易、教育、科研等相关行业的人，现在也指爱茶之人。

茶人精神即以茶喻人，指的是茶人应有的形象或茶人应有的精神风貌，提倡一种心胸宽广、默默奉献、无私为人的精神。这个概念是原上海茶叶学会理事长钱梁教授在 20 世纪 80 年代初所提出，从茶树的风格与品性引申而来，即为"默默地无私奉献，为人类造福"。

茶树，不计较环境的恶劣，不怕酷暑与严寒，绿化大地；春天抽发新芽，任人采用，年复一年，给人们带来健康

从品茶的过程中受到启迪，进行理性的思考，并逐步进入天人合一的境界。对茶人来说，饮茶不再仅作为一种解渴、消食、健康的生活习惯，还是在诗情画意中的消遣，从而成为一种自我实现的方式。我国自古就有禅茶一味之说，是因为品茶要达到把情感、情绪、心境引向宁静，淡泊致远，引向对人生、对世界、对宇宙的审美感悟。中国历代文人士大夫之所以喜欢饮茶，是因为在饮茶的过程中能够进入忘我的境界，从而远离尘嚣、远离污染，给身心带来愉悦。

茶，洁净淡泊，朴素自然，耐得寂寞，自守无欲，与净、静相依。

茶人，享受茶艺之美，借助茶之灵性，感悟生活，慎独自重，自我休养，自我超越。

第五章

茶

之

巡礼

 058. 什么是茶掌故

"茶掌故"是管理茶叶故事的官员。后来,"掌故"这个概念越来越广,凡是历朝的文人笔记,搜集的有关上层社会人士的轶事、朝野逸闻、民间传说也都归类为掌故。现代的"掌故",属于一种文体,是一种带典故性、趣味性、知识性的历史故事。

茶掌故可以分为三类:和茶相关的典故;诗文中引用的古代茶事故事;有来历出处并与茶有关的词语。

在古代,"掌故"是一种官职,是太常所属太史令的官,专门掌管礼乐制度和记录国家的历史故事

 059. 什么是"以茶代酒"

据《三国志·吴志·韦曜传》记载,吴国第四代皇帝孙皓(242～283 年),嗜酒好饮。每次设宴,客人都不得不陪着他喝酒,至少得喝酒七升,"虽不尽入口,皆浇灌取尽"。但朝臣韦曜例外,他博学多闻,深得孙皓的器重,但是酒量小。所以,孙皓常常为韦曜破例,一发现韦曜无法拒绝客人的敬酒,就"密赐茶,以代酒",这是我国历史记载中发现的最早"以茶代酒"的案例。

皇帝孙皓经常暗中赐茶给韦曜,以喝茶代替喝酒

 060. 谁第一个用茶果待客

晋朝的陆纳,虽然位居高官,可是却是一个勤俭朴素的人,传说中他是第一个用茶果待客的人。

南朝宋《晋中兴书》中记载着这样一件事情:卫将军谢安前来拜访陆纳,谢安来到之后,陆纳仅拿出茶和果品招待他。陆俶看见叔叔并没有其他招待的东西,就将自己准备的筵席拿出来招待客人。陆纳当时没有说什么,等客人走后,立刻打了陆俶四十棍,并训斥他说:"汝既不能光益叔父,奈何秽吾素业。"陆纳不能容忍侄子的铺张浪费,认为他败坏了自己的名声。

061. 什么是"献茶谋官"

北宋时期，斗茶活动十分兴盛，上至帝王大臣，下至平民百姓，无一不好斗茶。为了满足宋徽宗的喜好，王公大臣更是以各种名目征收贡茶。据《苕溪渔隐丛话》记载，宣和二年（公元1120年），漕臣郑可简创制了一种以"银丝水芽"制成的"方寸新"，此团茶色如白雪，故名为"龙园胜雪"。

宋徽宗一见果然大喜，重赏了郑可简，封他为福建路转运使。郑可简从好茶那里得到好处，便一发不可收拾，又命侄子到各地山谷搜集名茶奇品，他的侄子发现名茶"朱草"，郑可简便让自己的儿子拿着这种"朱草"进贡，儿子也因贡茶而得重赏。

人们对献茶谋官的荒唐晋级法嗤之以鼻，讽刺其为"父贵因茶白，儿荣为草朱"

062. "吃茶去"是怎么来的

唐代时期赵州观音寺有一位从谂禅师，人称"赵州古佛"，他喜爱饮茶，不仅自己爱茶成癖，还积极倡导饮茶之风，他每次在说话之前，都要说一句："吃茶去。"

据《广群芳谱·茶谱》引《指月录》中记载："有僧至赵州，从谂禅师问：'新近曾到此间耶？'曰：'曾到。'师曰：'吃茶去。'又问僧，僧曰：'不曾到。'师曰：'吃茶去。'后院主问曰：'为甚曾到也云吃茶去，不曾到也云吃茶去？'师召院主，院主应喏，师曰：'吃茶去。'"从此，人们认为吃茶能悟道，"吃茶去"也就成了禅语。

063. 什么是"千里送惠泉"

李德裕是唐武宗重用的宰相，善于鉴水，宋代唐庚的《斗茶记》中就记载了他嗜惠山泉而不惜代价的故事。

无锡惠山泉曾被茶圣陆羽列为天下第二泉。李德裕听说惠山泉的美名，很想尝尝山泉水的甘甜，但无锡离长安远距千里，这个梦想很难实现。唐德宗贞元五年，宫廷为了喝到上等的紫笋茶，就下旨每年贡茶必须风雨兼程，赶在清明节前送到长安，是为"急程茶"。于是，李德裕

借机利用职权，传令在两地之间设置驿站，从惠山汲泉后，由驿骑站站传递，不得停息，人称"水递"。

064. "陆羽鉴水" 是什么

据唐代张又新的《煎茶水记》记载，唐代宗时，湖州刺史李季卿到维扬（今扬州）会见陆羽。他见到神交已久的茶圣，说："陆君善于品茶已是天下人皆知，扬子江南泠水水质天下闻名，此乃两绝妙也，千载难逢，我们何不以扬子江水泡茶？"于是吩咐左右执瓶操舟，去取南泠水。在取水的同时，陆羽将自己平生所用的各种茶具一一放置好。一会儿，军士取水回来，陆羽用杓在水面一扬，就说道："这水是扬子江水不假，但不是南泠段的，应该是临岸之水。"军士嘴硬，说道："我确实乘舟深入南泠，这是有目共睹的，我可不敢虚报功劳。"陆羽默不作声，只是端起水瓶，倒去一半水，又用水杓一扬，说："这才是南泠水。"军士大惊，这才据实以报："我从南泠取水回来，走到岸边时，船身晃荡了一下，整瓶水晃出半瓶，我怕水不够用，这才以岸边水填充，不想却逃不过大人你的法眼，小的知罪了。"

李季卿与同来数十个客人对陆羽鉴水技术的高超都十分佩服，纷纷向他讨教各种水的优劣，将陆羽鉴水的技巧一一记录下来，一时成为美谈。

065. "饮茶十德" 是什么

唐代刘贞亮把前人颂茶的内容总共概括为"饮茶十德"：一是以茶散郁气；二是以茶驱睡气；三是以茶养生气；四是以茶驱病气；五是以茶树礼仁；六是以茶表敬意；七是以茶尝滋味；八是以茶养身体；九是以茶可行道；十是以茶可雅志。

066. "得茶三昧" 是什么

北宋杭州南屏山麓净慈寺中的谦师精于茶事，尤其对品评茶叶最拿手，人称"点茶三昧手"。

苏东坡曾为他而作《送南屏谦师》："道人晓出南屏山，来试点茶三昧手。"明代韩奕曾在《白云泉煮茶》一诗中写道："欲试点茶三昧手，上山亲汲云间泉。"

关于"茶三昧"，各人的理解也略有不同。陆树声曾在《茶寮记》中说："终南僧明亮者，近从天池来。飨余天池苦茶，授余烹点法甚细。……僧所烹茶，味绝清，乳面不敷，是具入清净味中三昧者，要之此一昧，非眠云跂石人，未易领略。"

> 茶三昧得之于心，应之于手，非可以言传学到

067. "且吃茶"是什么

元代蔡司霑的《寄园丛话》中有这样一段话："余于白下获得一紫砂壶，镌有'且吃茶''清隐'草书五字，知为孙高士遗物。"

紫砂壶在以前只是一般的生活用品，并没有什么艺术性，人们对其也没有太多的研究。"且吃茶"是文人撰写壶名的发端，从此后，给紫砂壶命名成为文人雅士的乐趣，后来还在紫砂壶上题诗作画，这也使紫砂茶壶从一般的日用品演变为艺术品。

068. "佳茗""佳人"是什么

明代张大复《梅花草堂笔谈》记载："冯开之先生喜饮茶，而好亲其事，人或问之，答曰：'此事如美人，如古法书画，岂宜落他人之手！'"苏轼的《次韵曹辅寄壑源试焙新芽》诗中曰："戏作小诗君莫笑，从来佳茗似佳人。"

爱茶之人，对茶有一种特殊的感情，视茶为珍宝，因此常把"佳茗"比作"佳人"，这说明了文人雅士对茶的眷恋，并对茶的品性给予了很高的评价。旧时杭州涌金门外藕香居茶室有副对联就引用了苏轼的诗句："欲把西湖比西子，从来佳茗似佳人。"

 069. "品茶定交"是什么

明代张岱《陶庵梦忆》记载："周墨能向余道，闵汶水茶不置口。戊寅九月，至留都，抵岸，即访闵汶水于桃叶渡。"这段话记述张岱和闵汶水"品茶定交"的故事。闵汶水擅长煮茶，被人称为闵老子。许多路过他家的人都会前去拜访，为的是欣赏他的茶艺。

张岱前去桃叶渡拜访闵汶水时，闵汶水刚好外出，张岱就在那等了很久，闵汶水的家人问他为何不离开，张岱回答说："慕闵老久，今日不畅饮闵老茶，决不去！"闵汶水回到家中，听到有客来访，赶紧"自起当炉，茶旋煮，速如风雨。导至一室，明窗净几，荆溪壶、成宣窑瓷瓯十余种，皆精绝。灯下视茶色，与瓷瓯无别，而香气逼人。"看到这样的茶艺，张岱连连叫好。品茶时，闵汶水说茶为"阆苑茶"，水是"惠泉水"。张岱品尝过后，觉得不对劲，就说："茶似阆苑制法而味小似，何其似罗蚧甚也。水亦非普通惠泉。"闵汶水听后很是敬佩，就回道："奇！奇！"然后将实情告诉了张岱。

张岱又说："香朴烈，味甚浑厚，此春茶耶？向瀹者的是秋采。"汶水回答说："余年七十，精赏鉴者无客比。"闵张二人在一起就茶的产地、制法和采制，水的新陈、老嫩等茶事展开了辩论，两人志同道合，最终成为至交，成就一段佳话。

 070. 仁宗赐茶是什么

宋代王巩的《甲申杂记》中有这样的记载："初贡团茶及白羊酒，惟见任两府方赐之。仁宗朝，及前宰臣，岁赐茶一斤，酒二壶，后以为例。"

这段话说的是宋仁宗改革赐茶旧制的事情。宋仁宗将原先赐茶的制度改革，并将赏赐范围扩大，前任宰臣是没有资格得到赏茶的，可是仁宗为了显示其皇恩浩荡，就将前任宰臣也包括在赐茶范围内，每年赐茶一斤，赐酒两壶。

071. 乾隆量水是什么

乾隆喜茶好饮，不仅嗜茶如命，为茶取名字、吟诗、作文，还自创了饮茶鉴水的方法。

中国自唐代陆羽以来，有许多品茗爱好者，对全国各地的水作了专门的评定，许多泉水的排列似乎已成定论，各水与茶的组合也成为约定俗成。如谚语"龙井茶，虎跑水"，说明以杭州的虎跑泉水煮杭州的龙井茶是绝妙的搭配，二者相得益彰，天生一对。但乾隆却不以为意，而是用自己的方法再亲自做鉴定。

乾隆鉴定的方法与众不同，用特制的银斗以水质的轻重来分上下，他认为水质轻的品质最好。用他的方法来测定，北京海淀镇西面的玉泉水为第一，镇江中泠泉次之，无锡的惠泉和杭州的虎跑泉又次之。

但是，由于路途上的颠簸，玉泉水味道不免有所改变。乾隆便以水洗水，制造出"再生"玉泉水。具体做法是，用一大器皿，在其内注入玉泉水，做好刻度标记，再加入其他同量的泉水，二者搅拌，静置后，不洁之物沉入水底，上面清澈明亮的"轻水"便是玉泉水。据说，乾隆这种以水洗水使玉泉水"复活"的做法效果很不错，倒出之后还有一种新鲜感，几乎跟新鲜的玉泉水一样。

此外，乾隆还对雪水进行了测试，他认为雪水最轻，是上好的煮茶水，可与玉泉相媲美。但由于雪水不属于泉水，所以不在名水之列。

 ## 072. "才不如命"是什么

"才不如命"出自"他才不如你，你命不如他"这句话，这是明朝开国皇帝朱元璋所说。明代文学家冯梦龙在《古今谭概》中有记载：明太祖朱元璋到国子监视察，有个厨师为他送来一杯热茶。朱元璋喝了这茶后觉得很满意，于是就下诏，赐予那个厨师顶冠束带，封他为官。国子监有个老生员看到了这个情景，心里很有感触，不禁仰天长叹，吟出两句诗："十载寒窗下，何如一盏茶！"意思就是说自己寒窗苦读十年，没有当上官，可一个厨师因为一杯热茶就被封了官，实在是太不公平了！朱元璋听见了老生员吟的诗，于是便说道："他才不如你，你命不如他。"这就是才不如命的掌故。

 073. 板桥壶诗是什么

板桥壶诗说的是郑板桥曾做过的一首《题壶诗》，诗的内容为：

嘴尖肚大耳偏高，才免饥寒便自豪。

量小不堪容大物，两三寸水起波涛。

这是一首以物喻人的讽刺诗，郑板桥在诗中用茶壶讽刺那些眼高手低，自命不凡，却妒忌别人的人，这些人就像是半桶水，不能承受太多的事物，却还要造声势，空有其表，没有内涵。

 074. "敬茶得宠"是什么

"敬茶得宠"的故事说的是清朝的慈禧太后，慈禧太后年轻时漂亮聪慧，擅长江南小曲，琴棋书画、茶道皆通，咸丰初年被选入圆明园当宫女，安排在桐荫深处侍奉。恰逢喜好游玩、寄情声色的咸丰帝，慈禧弹奏小曲引其探访，献以香茗令咸丰帝龙颜大悦，之后深得咸丰的宠爱，迁升贵妃，后来又升为皇后，直至成为太后。

 075. 茶马交易是什么

"茶马互市"是中国古代以官茶换取青海、甘肃、四川、西藏等地少数民族马匹的政策和贸易制度。古代战争主力多是骑兵，马就成了战场上决定胜负的条件；而我国西北地区食肉饮酪的少数民族，将茶与粮看成同等重要的生活必需品，因此"茶马互市"就成了历代统治者维持经贸往来、稳固边疆、促进睦邻友好的重要措施。

"茶马互市"形成于南北朝时期，时至宋代政府还设置了专门管理茶马交易的机构——检举茶监司，历经元明两代的逐步发展与兴盛，一直沿用到清代中期。雍正帝胤禛十三年，官营茶马交易制度停止。这个在中国历史上活跃近700年的茶马交易政策逐渐废止。

 076. 什么是"良马换《茶经》"

唐末时期，我国的茶马交易已经盛行。据载，唐使按照往年惯例，在边关囤积了一千多担上等的茶叶，准备和别国换取急需的战马。回纥的使者按照每年的惯例，带着马匹来到边关交易，可是他却拒绝了原来的贸易商品，要求换取一本《茶经》。唐使虽然从来没有见过《茶经》这本书，但是用一本书换一千匹马是很合算的，于是和对方签订了合约。唐使签了合约后，连夜赶回朝廷，将此事报告给朝廷。可是满朝文武却都不知道《茶经》这本书，将书库翻遍了也找不到此书。

这时，太师忽然想起江南有位品茶名士，或许《茶经》就是他所写的。于是皇帝派人快马前往江南寻找那位高人，但是眼看两国约定的期限就快到了，还是没有找到陆羽和《茶经》。朝廷上下都在为此事焦急着，忽有一日，一个秀才拦住朝廷使者的马，大声喊道："我乃竞陵皮日休，特向朝廷献宝。"使者问："你有何宝要献？"皮日休当即捧出《茶经》三卷。使者看见后心中惊喜不已，赶忙下马跪接道谢，并说道："有此宝书，换得战马千匹，平叛宁国有望矣！"从此以后，陆羽的《茶经》名声大噪，成为种茶、品茶的珍贵书籍。

077. 袁枚品茶品什么

袁枚生活在清代乾隆年间，号简斋，著有《随园诗话》一书。他一生嗜茶如命，特别喜欢品尝各地名茶。他听说武夷岩茶很有名，于是想要品尝。他来到武夷山，但是尝遍了武夷岩茶，却没有一个中意的滋味，因此他失望地说道："徒有虚名，不过如此。"

他得知武夷宫道长对品茶颇有研究，于是便登门拜访。见了道长之后，袁枚问道："陆羽被世人称为茶圣，可是在《茶经》中却没有写到武夷岩茶，这是为什么呢？"道长笑笑没有回答，只是把范仲淹的《斗茶歌》拿给他看。袁枚读过这本书，觉得词写得很夸张，心中有些不以为然。道长明白他的心思，因而说道："根据蔡襄的考证，陆羽并没有来过武夷，因而没有提到武夷岩茶。从这点可以说明陆羽的严谨态度。您是爱茶之人，不妨试试老朽的茶，不知怎样？"

袁枚按照道长的指示，慢慢品尝着茶，茶一入口，他感到一股清香，所有的疲劳都消失了。这杯茶和以前所喝的都不相同，于是他连饮五杯，并大声叫道："好茶！"袁枚很感谢道长，对道长说道："天下名茶，龙井味太薄，阳羡少余味，武夷岩茶真是名不虚传啊！"

078. 曹雪芹辨泉辨什么

传说《红楼梦》的作者曹雪芹，是个爱泉嗜茶的人，曾经有很长时间他都居住在香山白旗村。曹雪芹和鄂比是好朋友，经常在一起散步，还会一并上法泉寺的品香泉打水回家泡茶。

这天，外面下雨了，鄂比就劝曹雪芹到双清泉取水，但是曹雪芹却不肯。鄂比很不理解，就问他为什么。曹雪芹回答说："我将香山的七个泉水都品尝过了，只有品香泉的水质最清澈、最香甜，泡出的茶味道最好。"鄂比对此并不相信，颇有怀疑。

有一次，鄂比邀请曹雪芹品茗，可是曹雪芹正在创作，因而鄂比只好自己上山取水。鄂比想试一下他辨泉的能力，于是在水源头装了半壶水，然后在品香泉将其加满。回到住处，他将茶沏好，两人举杯啜饮。曹雪芹刚喝几口，他就问道："你是从哪里打的水？壶里怎么是两股泉水，一股是水源头的水，一股是品香泉的水，对不对？"

鄂比听到后，大吃一惊，惊奇地看着曹雪芹。曹雪芹又说道："这茶的上半碗水味道很纯正，是品香泉的水，但是下半碗就差多了，应该是水源头的泉水。"鄂比听了他的话，对他敬佩不已，相信了他的辨泉能力。

079. 茶文化还有哪些体现

◆邮票上的茶文化

《宜兴紫砂陶》为当代王虎鸣所设计，是以紫砂名壶为题材的纪念邮票，共四枚，发行于1994年。底色为灰色，打有中式信笺的线框，邮票上有行草书写的梅尧臣、欧阳修、汪森、汪文伯关于紫砂壶的名句。图的上方有女篆刻家骆苋苋的四方印章：圆不一相、方非一式、泥中泥、艺中艺。

云南千年大茶树　　"茶圣"陆羽

鎏金银茶碾，古时煎茶之前把茶饼碾压成末的工具，陕西法门寺出土

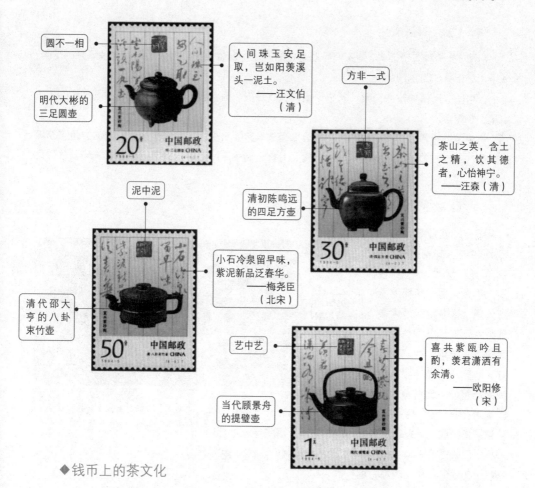

圆不一相

明代大彬的三足圆壶

人间珠玉安足取，岂如阳羡溪头一泥土。
——汪文伯（清）

方非一式

茶山之英，含土之精，饮其德者，心怡神宁。
——汪森（清）

泥中泥

清初陈鸣远的四足方壶

小石冷泉留早味，紫泥新品泛春华。
——梅尧臣（北宋）

清代邵大亨的八卦束竹壶

艺中艺

当代顾景舟的提璧壶

喜共紫瓯吟且酌，羡君潇洒有余清。
——欧阳修（宋）

◆钱币上的茶文化

☆丝茶银行代茶币。1925 年，"中国丝茶银行"发行了 5 元的代茶币，该茶币为红黄色，镂空花边，4 个角都印有"伍"字。上面自右至左印着"中国丝茶银行"，中间印有采茶图。

☆"协升昌"号茶庄票。福建福安的茶庄票，发行于 1928 年。

☆"怡和祥茶号"代用纸币。安徽省祁西高塘"怡和祥茶号"印制代用纸币，发行于 1932 年。面值分别为一元和五元。

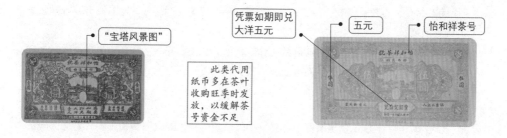

"宝塔风景图"

凭票如期即兑大洋五元

此类代用纸币多在茶叶收购旺季时发放，以缓解茶号资金不足

五元

怡和祥茶号

◆门票上的茶文化

门票，是一种有价证券，是人们参观游览时的一种缴款凭证。门票上都有很多漂亮的图画，其中不乏用茶作为主题的。

☆中国茶叶博物馆的门票。长方形横式，以银灰色为背景，左上角有绿色的圆形馆标，正中是绿色馆名。

☆中国苏州紫砂博览苑的门票。长方形横式，票面正中为展览馆全景，右侧上方是"东坡提梁壶"，左侧下方是"曼生半瓜壶"。票面上有一副茶联"汇中国陶艺之精华，集华夏紫砂之大全"。

◆烟标上的茶文化

烟标，就是香烟纸。香烟的烟标，印刷精美，烫银，很具有收藏价值。在我国，茶文化也在烟标上有所体现，很多烟标是用茶事为主题设计制作的。如福建龙岩卷烟厂的"采茶灯"烟标，颜色鲜艳，人物翩翩起舞，生动形象；中

花蝶剪纸

手执折扇翩翩起舞的女子

作为我国东南沿海广为流行的艺术形式，以歌舞形式来展现民间采茶场景的"龙岩"采茶灯出现在烟标上

国沈阳卷烟厂的"古瓷"牌香烟，烟标由瓷质彩色骏马和青花瓷茶壶组成；宜兴市烟草公司的"东陶"牌香烟，烟标由一把"东坡提梁壶"。上有为陶瓷艺术节特制的"献给中国宜兴陶瓷艺术节"和"陶都香烟"的字样。

◆信封上的茶文化

随着茶文化的升温，信封成了茶文化的载体，因此许多设计精美、茶文化含量高的信封成了人们的收藏品。

中国茶叶博物馆的工作专用信封，发行于1997年1月，左下方为馆名、通信地址、电话号码，馆名的左上方印有绿色圆形的馆徽。

《中国茶文化》首日纪念封，共四枚，发行于1997年6月13日，是上海市茶叶学会赠送给与会代表的信封。

上海国际茶文化节组织委员会印制的工作专用信封，发行于1997年10月，信封上印有茶圣陆羽的坐像图案，坐像位于上海闸北公园茶文化公园。

◆明信片上的茶文化

☆2000年3月1日，我国发行了一套特种邮资明信片，邮资图案和邮资片背面为一部线装的《茶经》和紫砂壶。

☆ 2002 年 11 月 25 日，国家邮政局在福建安溪发行了《安溪茶艺》邮资明信片。

☆ 2004 年 9 月，国家邮政局发行了一套特种邮资明信片，共两张。这套明信片是为祝贺上海市茶业职业培训中心成立、祝贺上海市茶叶学会荣获中国科协授予的"全国自然科学省级学会之星三连冠"称号而设计的。

☆ 2005 年 4 月，国家邮政局发行了一张为纪念《吴觉农纪念馆》开馆的明信片。

◆磁卡上的茶文化

磁卡是现代社会不可或缺的物品，磁卡的种类有电话磁卡、门票磁卡、交通磁卡、金融磁卡、会员磁卡、集邮预定磁卡等。

☆ "茶文化"电话磁卡，发行于 1996 年 7 月 25 日，全套共 4 枚。其中金额为 20 元的画面是"采茶"，金额为 30 元的画面是"制茶"，金额为 50 元的画面是"烹茶"，金额为 100 元的画面是"品茶"。

此卡画面为采茶

燕子寓意所采的是春茶

采摘细嫩的茶芽

☆ 1996 年 4 月，上海国际茶文化节组织委员会发行了一套磁卡，共两枚，图案为"壶王迎客"和"宋园茶艺馆"，面值分别是 30 元和 50 元。

◆茶具上的茶文化

茶具，是茶文化的另一个表现，从茶具中可以看出茶文化的变迁，茶具中也渗透着茶文化。

茶具中最著名的当数紫砂壶，紫砂壶不仅样式丰富，而且品质也是一流的。紫砂壶的造型有素色、筋瓤与浮雕三种。在紫砂壶上有各种各样的书法，还有诗、画、印章等，从紫

紫砂壶上镌刻的诗歌《将进酒》是"诗仙"李白的巅峰之作

俯倒弓起的青松枝

小松鼠

扭曲的竹管上的翠竹

怒放的寒梅

壶身上雕有岁寒三友图案

砂壶中可以充分领略到中国博大精深的茶文化。紫砂壶已经不再是单纯的茶壶，它还是一件艺术品，具有很高的欣赏和收藏价值。

◆茶罐上的茶文化

茶罐，是用来储存茶叶的器皿。自古茶罐就是茶文化的一部分，从古代流传下来的茶罐，不仅材料多样，而且制作精美，具有很高的欣赏价值和收藏价值，这些茶罐可以反映出茶的历史变迁和人们对茶的认识，也是研究茶文化的主要依据。

茶罐的材料有瓷质、铁质、陶质、木质、竹质、搪瓷等。茶罐的造型多样，有很多别致喜人的造型，都深得收藏人的喜爱。

很多茶罐的外表，都有关于茶的书法、画、印章、诗词等

青花山水人物罐（清）

080. 茶馆是什么地方

中国各地茶馆遍布，形成了独具特色的茶馆文化。人们可以在茶馆里听书看戏、交友品茶、品尝小吃、赏花赛鸟、谈天说地、打牌下棋、读书看报等，旧社会时，人们还在茶馆调解社会纠纷，洽谈生意，了解行情，看货交易。总之，七十二行，行行都把茶馆当作聚集的好去处。

漫步于大街小巷，总能发现林立的不同档次的茶铺、茶楼、茶坊，给城市增添了几分雅致闲适。

茶馆是一个多功能的社交场合，是反映社会生活的一面镜子，老舍的《茶馆》描述的就是这样的情景。

现在的茶馆除了用于喝茶之外，还有一个重要的功能就是交际。现代人的商务往来要比以前频繁很多，通常人们在谈生意时，喜欢到饭店餐厅这种场所，边用餐边谈生意。但如今，人们也将这种方式转移到茶楼，在茶楼中品茗、吃茶点，在轻松的氛围中谈生意。很多茶馆还有表演，这里是戏剧爱好者的聚集地，因此戏剧爱好者可以在这里认识到志同道合的人，共同探讨戏剧。在日常的经营中，茶馆会将自己得到的信息及时传递给顾客，茶客之间的相互交流促进了信息的传递。此外，茶馆还会不定期地举行茶会，茶会的目的就是为爱茶之人提供一个交流的场所。在这里大家可以拓宽眼界，增加知识。

很多茶馆都设在风景优美的地方，室内装饰也常运用到自然风景。建筑之美，茶馆建筑华丽古朴，令人赏心悦目；格调之美，每一个茶馆都有独特的格调以吸引顾客；香茗之美，品质上佳的香茗，使人身心愉悦；壶具之美，高雅精美的茶具可为饮茶增添乐趣；茶艺之美，茶馆中的茶艺表演可使人净化心灵，陶冶情操。

在品茶时，人们抛却生活和工作中的烦恼，补充自己的体力，使自己精力充沛。在茶馆里，大家可以尽情放松，展示真实的自我。在人们享受茶饮美味时，心灵得到净化，情操在潜移默化中得到陶冶。

第六章

茶

之

健康

 081.茶叶中有哪些营养成分

　　茶叶一直以来被大家所推崇,有"健康的护卫者"之誉。茶叶中含有丰富的营养成分,能够给人体提供所需要的各种营养。新鲜的茶叶含有80%的水分及20%的干物质,所有的营养成分都集中于干物质中。这些营养元素包括蛋白质、氨基酸、维生素、各种矿物质、糖类、生物碱、有机酸、脂类化合物、天然水色素、茶多酚等。

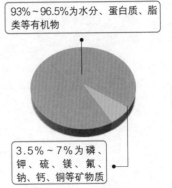

93%～96.5%为水分、蛋白质、脂类等有机物

3.5%～7%为磷、钾、硫、镁、氟、钠、钙、铜等矿物质

　　茶叶不仅为人体提供了多种营养物质,而且还经常运用于药理,对人体保健有很重要的作用,对心血管疾病和病毒方面的预防和治疗有着很明显的效果。

 082.茶叶有什么保健作用

　　茶叶里所含的生物碱主要是由咖啡碱、茶叶碱、可可碱、腺嘌呤等组成,其中咖啡碱含量最多。咖啡碱是一种兴奋剂,对中枢神经系统起作用,能帮助人们振奋精神、消除疲劳、提高工作效率;而且能消解烟碱、吗啡等物质的麻醉与毒害;另外,还有利尿、消浮肿、解酒精毒害、强心解痉、平喘、扩张血管壁等功效。

　　茶叶碱是一种药用成分,在红茶和绿茶中较多。茶叶碱对呼吸系统疾病有保健作用,能放松支气管的平滑肌,降低血压。可可碱是茶叶中一种重要的生物碱,具有利尿、兴奋心肌、舒张血管等功效。

 083.中国古代怎样用茶治病

　　古代文献对茶有非常丰富的记载,最早的记载有"神农尝百草,日遇七十二毒,得茶而解之"。这个记载说明古人在很早的时候就认识到茶具有保健功能和解毒功能,从而看出人类应用茶的历史非常悠久。古人最早是把采摘来的茶叶用来咀嚼,发现咀嚼以后就可以治病,此后进一步发展到了"煮作羹饮",用茶来做汤做饭,来达到预防和治疗疾病的作用,后来才逐步有了各种专门制茶的人。

放置时间过长,茶多酚发生氧化,茶汤就会色泽泛黄

新鲜的茶汤清绿典雅,茶香浓郁

084. 现代喝茶可以治哪些病

　　茶叶中不仅含有丰富的营养成分，还有很多药用成分，最重要的是咖啡碱、茶多酚。这些药用成分对人体的健康有着十分重要的作用。

　　咖啡碱是茶叶中一种含量很高的生物碱，占 3% 左右，用于药中，具有提神醒脑的作用。茶多酚是茶叶中的可溶性化合物，主要由儿茶素类、黄酮类化合物、花青素和酚酸组成，以儿茶素类化合物含量最高，约占茶多酚总量的 70%。儿茶素是茶叶药效的主要活性成分，具有防止血管硬化、防止动脉粥样硬化、降血脂、消炎抑菌、防辐射、抗癌等功效。

　　茶黄烷醇能够抗辐射；醛类含有甲醛、丁醛、戊醛、己醛等；酸类化合物有抑制和杀灭霉菌和细菌的作用，对黏膜、皮肤及伤口有刺激作用，并有溶解角质的作用；茶叶中的叶酸有补血的作用，对治疗贫血症有一定效果。

　　茶叶和茶籽都含有皂苷化合物。茶皂素是一种天然非离子型表面活性剂。茶皂素具有良好的消炎、镇痛、抗渗透等药理作用。茶叶中的皂苷类物质含量很少，但其保健功效不可轻视，它能提高人体的免疫功能，并且能起到抗菌、抗氧化、消炎、抗病毒、抗过敏的作用。

　　茶叶中的皂苷类物质与其他营养元素在水中很快结合，能够很好地促进消化吸收，排毒止泻，对一些肠胃疾病有辅助治疗的功效。

 085. 如何选择适合治病的茶叶

　　茶树的叶片吸收了来自土壤和大气中的各种养分，最主要的是太阳能，经过十分复杂的生化过程，加工合成了特有的生化成分，如茶多酚、矿物质。不同品种、不同地区、不同季节的茶树叶片主要内含成分的量和结构不尽相同，茶树叶子经采摘、

根据人的不同体质与病症辨证选茶

品种	功用
绿茶	抑菌消炎、降血脂、抑制心血管疾病、防辐射、抗癌
红茶	清热解毒、养胃利尿、提神解疲、抗衰老
乌龙茶	消脂减肥、防癌、抗衰老
普洱茶	解油去腻、消脂减肥、降压、防癌、醒酒
花茶	平肝润肺、理气解郁、养颜排毒

加工后，其生化成分有所变化，不同的加工方式制成了不同种类的茶，冲泡后溶入茶汤内的生化成分也就各不相同。

086.如何制作药茶

广义的药茶是指由中药材与食物制成的汤、乳、汁、露、汁、浆、水等具有药用疗效的饮料。一般来说，制药茶有冲泡法和煎煮法两种方法。冲泡法是将药茶放入杯中直接加沸水冲泡，一般要浸泡 5 ~ 30 分钟之后服用；煎煮法是将药茶放入锅中，像煎饮中药一样煎煮，然后饮用。

药茶是指由食物和药物经冲泡、煎煮、压榨及蒸馏等各种方法制作而成的茶及代茶饮用品

087.茶疗方法有哪些

《本草拾遗》中有："上通天境，下资人伦，诸药为各病之药，茶为万病之药。"茶叶的化学成分主要为茶色素、茶多酚、咖啡碱、维生素、微量元素等。生活中在茶内加入不同营养物质，具有很好的治病和保健作用。

茶叶中的茶多酚通过升高高密度脂蛋白胆固醇（HDL-C）的含量来清除动脉血管壁上胆固醇的蓄积，同时抑制细胞对低密度脂蛋白胆固醇的摄取，从而实现降低血脂、预防和缓解动脉粥样硬化。

☆菊花茶：甘菊味甘，每次用 3 克左右泡茶饮用，每日 3 次，对动脉硬化患者有显著疗效。

☆山楂茶：山楂所含的成分可以助消化、扩张血管、降低血糖、降低血压。经常饮用山楂茶，对治疗高血压具有明显的辅助疗效，对小儿积滞或因停滞不化出现食欲不振有很好的疗效。其饮用方法为，每天数次用鲜嫩山楂果 1 ~ 2 枚泡茶饮用。

☆返老还童茶：槐角 18 克，何首乌 30 克，冬瓜皮 18 克，山楂肉 15 克，乌龙茶 3 克。前四味药用清水煎好，去除渣，乌龙茶以药汁蒸服，作茶饮，有清热、化瘀、益血脉的作用，可增强血管弹性，降低血液中胆固醇含量，防治动脉硬化。

茶叶能有效地预防冠心病。冠心病的加剧与冠状动脉供血不足及血栓形成有关。茶多酚中的儿茶素以及茶多酚在煎煮过程中不断氧化形成的茶色素，对预防血栓很有效。

❀ 山楂
酸、甘，性温，归脾、胃、肝经。
▣ 功效：山楂有行气化瘀的功效，对治疗动脉粥样硬化有一定的辅助作用。
▣ 制法：每天取鲜嫩山楂果泡茶饮用。

☆红茶、绿茶：取红茶或绿茶 5 克，加入清水 200 毫升，用中火煮沸后，再用小火煮 5 分钟，然后沉淀去渣，空腹一次饮下，每日 1 次，坚持 3 个月，对冠心病的防治很有效。

☆灵芝茶：灵芝能有效地扩张冠状动脉，增加冠脉血流量，改善心肌微循环，增强心肌氧和能量的供给，可广泛用于冠心病、心绞痛等疾病的治疗和预防。直接冲泡润湿后即可饮用。

☆乳香茶：茶末 120 克，炼乳香 30 克，共研末，用醋和兔血调和制成大丸，温醋送服，每日 1 丸，治疗冠心病、心绞痛。

☆三根汤：老茶根 30 克，榆树根 30 克，茜草根 15 克，水煎服，治疗冠心病、高血压。

☆山楂根茶：茶树根、山楂根、玉米须和荠菜花各 50 克，水煎饮用，治疗冠心病。

🌿 **丹参**
味苦性微寒，能活血通络、益气养血。
📖 制法：丹参9克研末，加绿茶3克，以沸水冲泡饮用。

🌿 **灵芝**
可滋补强壮、补肺益肾、健脾安神。

一般来说，饮茶能兴奋神经，升高血压，高血压患者尽量不要饮茶。但有关专家指出，部分茶具有降血压的作用，适合高血压患者饮用。

☆荷叶茶：荷叶有扩张血管、清热解暑、降血压的作用。患有高血压的患者，可以将荷叶洗净切碎，加适量水煎，放凉后代茶饮。

☆菊花茶：菊花茶有很好的降血压作用，直接泡用即可。

☆枸杞茶：枸杞不但具有补肝益肾、润燥明目的作用，还能降低血压和胆固醇，一般每日用 9 克枸杞泡水服用即可。

茶叶可促进肠胃的蠕动，改善消化系统，对消食很有利，一般茶叶都具有消食的功能。

☆大麦茶：用开水冲泡即可饮用。能起到暖胃的作用，促进消化系统的运行。

☆铁观音：乌龙茶中的极品好茶，不仅可预防多种疾病，还可消食解腻。

☆花茶：花茶的镇静安神效果最好，花茶不像一般的茶叶那样含有太多的咖啡碱，因而不会使神经处于过度亢奋的状态。推荐饮用龙眼百合茶，龙眼肉加上百合，在午后饮用，有安神、镇定神经的作用。

🌿 **枸杞**
甘、平，归肝、肾经。
📖 功效：枸杞具有平肝的作用，对高血压患者有帮助。
📖 制法：每天用9克枸杞泡水喝。

☆莲藕茶：藕粉一碗、水一碗加入锅中不断地搅匀，再加入适量的冰糖即可，当茶喝有养心安神的作用。

☆玫瑰花茶：不仅可美容强身，还具有很好的清香解郁作用。

088. 喝茶有哪些禁忌

喝茶要注意一些禁忌。

霉变的茶叶要忌用。茶叶容易受潮变霉，饮用霉变茶叶对健康有害，并有致癌的危险。

盛装茶叶的容器应清洗干净，不能有异味，茶叶极易吸收樟脑等物的异味。

隔夜茶不能服用。隔夜茶被微生物细菌感染，容易变馊。所以，茶应随泡随饮，随煎随饮，当天饮完，忌饮隔夜茶。

茶不宜过多服用。饮用剂量过大、过浓，茶叶中的咖啡碱可兴奋神经，导致胃肠不适，加重消化道病情，增加肾脏负担。

另外：烫茶伤人，冷茶滞寒聚痰，温度合适才可以。胃寒者、冠心病患者、哺乳妇女不要饮浓茶，服用阿司匹林不能喝茶。

089. 女性喝茶要注意什么

虽然饮茶有多种保健作用，但并非任何情况下饮茶对身体都有好处，女性朋友尤其应注意。对女人来说，下列几种情况不宜饮茶：

行经期。女性经期大量失血，应在经期或经期后补充些含铁丰富的食品。而茶叶含有30%以上的鞣酸，它在肠道中较易同食物中的铁结合，产生沉淀，阻碍肠黏膜对铁的吸收和利用，起不到补血的作用。

怀孕期。茶叶中的咖啡碱会加剧孕妇的心跳速度，增加孕妇的心、肾负担，增加排尿，而诱发妊娠中毒，更不利于胎儿的健康发育。

临产期。临产期饮茶，茶中的咖啡碱会引起孕妇心悸、失眠，导致体质下降，严重时导致分娩产妇精疲力竭、阵缩无力，有造成难产的风险。

哺乳期。茶中的鞣酸被胃黏膜吸收后进入血液循环，从而产生收敛作用，抑制产妇乳腺的分泌。另外，由于咖啡碱的兴奋作用，母亲睡眠不充分，影响母乳效果，也会造成奶汁分泌不足。

更年期。更年期妇女头晕、乏力，会出现心跳过速，易感情冲动，还会导致睡眠不定或失眠、月经功能紊乱。常饮茶，会加重这些症状，不利于妇女顺利度过更年期，从而有害身心健康。

乳汁中的咖啡碱进入婴儿体内，易致使婴儿发生肠痉挛，出现无故啼哭的情况

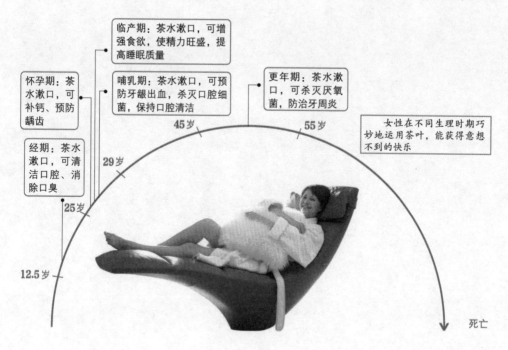

临产期：茶水漱口，可增强食欲，使精力旺盛，提高睡眠质量

怀孕期：茶水漱口，可补钙、预防龋齿

哺乳期：茶水漱口，可预防牙龈出血，杀灭口腔细菌，保持口腔清洁

更年期：茶水漱口，可杀灭厌氧菌，防治牙周炎

经期：茶水漱口，可清洁口腔、消除口臭

女性在不同生理时期巧妙地运用茶叶，能获得意想不到的快乐

12.5岁　25岁　29岁　45岁　55岁

死亡

090. 儿童可以喝茶吗

　　浓茶中含有大量的茶碱、咖啡碱，会对人体产生强烈的刺激，严重时还易引起头痛、失眠。儿童适量饮一些淡茶，可以补充一些维生素和钾、锌等营养成分。通过饮茶还可以加强胃肠的蠕动，帮助消化；饮茶又有清热、降火的功效，可以有效地避免儿童大便干结，造成肛裂。另外，茶叶还有利尿、杀菌、消炎等多种作用，因此儿童可以适当饮茶，只是不宜饮浓茶。

茶叶的氟含量较高，饮茶或用茶水漱口还可以预防龋齿

第七章

茶

之

味

趣

 091. 为什么把茶应用到食品上

传统的茶只作饮用，但茶叶作为一种广受欢迎的天然饮料，不仅具有丰富的营养，而且具有一定的保健功能。因此，随着人们对茶的科学认识的提高，茶在食品领域的应用逐渐广阔。

第一，饮茶吸收茶的营养不充分，如果将茶叶直接添加到食品中去，就可充分利用茶叶所含有的所有营养物质。

第二，泡茶多为高中档茶，中低档茶可以磨粉或制汁提取有效成分添加到食品中。

第三，有一些人不爱饮茶，但又想利用茶叶所具有的多种保健功能。因此，将茶添加到食品中制成各种保健食品已成为一种需要。

 092. 什么是茶食

茶食是一种泛指，不仅包括含有茶叶成分的各种食品，如茶饮料、茶糖果、茶饼干、茶菜肴等，还包括与茶适宜搭配的各类副食和点心，如各种炒货、蜜饯、小吃、点心等，我们通常把它们称为茶食或茶点。品茗搭配茶食可以感悟茶文化，体味茶艺情趣。

有的人认为必须掺有茶成分的食品才是真正的茶食。其实茶食、茶点中掺不掺茶并不是至关重要的，

清淡型的茶饮
舒缓润口

浓香型的茶点
香脆干燥

茶食不仅包括带有茶叶成分的各色食品，也包括与茶相配得宜的各种副食或点心

因为一杯清茶可以涤去肠胃的污浊、醒脑提神，而几种茶食，既满足了口腹之欲，又使饮茶平添了几分情趣，从而使清淡与浓香、湿润与干燥有机地结合。茶水在口舌上流淌，使疲劳的味觉重新得以振奋，点心之味在茶水的配合下，被人更好地享用。所以，饮茶时不管是什么茶食、茶点，只要搭配合理即可，使忙碌复杂的心情得到放松才是最重要的。

 093. 茶与茶食怎样进行搭配

茶食的种类繁多，因各人的喜好、体质而有所取舍。在与茶食的搭配上，"甜配绿，酸配红，瓜子配乌龙"是总的原则。品绿茶时，配以甜的茶食，如芝麻糖、蛋黄酥、豆沙包等；品

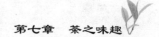

红茶时，配以酸甘类的茶食，如话梅、甜橙、金橘饼等；品乌龙茶时配咸碱类的茶食，如五香瓜子、开口蚕豆、玫瑰茶杏仁等。

清淡略甜的蛋黄酥适宜搭配绿茶

酸甘类的甜橙适宜搭配红茶

094. 怎样选择茶食的器皿

将削好的苹果一切两半，一半放在塑料袋上，一半放在盘子里，你会拿哪一半呢？肯定是盘子里的，让人看了就有食欲。可见，盛放食物的器物对人们的心理作用影响较大。茶食作为中华传统文化的见证者，更应该讲究摆盘。好茶配佳点，除了茶食本身的质量要好，还要用洁净、素雅、别致的盛器来衬托茶食的可口、精美。

别致的造型

洁净的杯体

素雅的花纹

适宜的器皿不仅洁净卫生，平添人取食的欲望，更能烘托出饮食的格调与品质

095. 茶食与节令有什么关系

节令是几千年来，人们根据季节气候与植物的生长过程总结的节气名称。人的体质会因节气时令而有所调整，"春困秋乏"就是例子，而茶的实质也会随着地域和季节的不同有所变化，因此在准备茶食时，要依节令的不同而有所不同。

春天的茶食要多一些花色；夏天要准备味道较清淡的茶食；秋天的茶食宜以素雅为主；冬天的茶食就得准备味道较重的。另外，不管在什么节令，茶食的颜色、种类、数量宜少不宜多，适可而止。

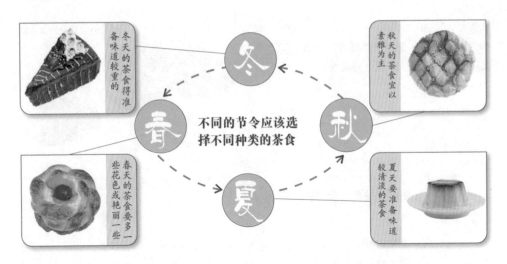

不同的节令应该选择不同种类的茶食

冬天的茶食得准备味道较重的

秋天的茶食宜以素雅为主

春天的茶食要多一些花色或艳丽一些

夏天要准备味道较清淡的茶食

096. 茶食有哪些

炒货系列可称得上是茶食系列的一绝。炒货类按制作方法可分为炒制、烧煮、油氽等种类，能与茶搭配的常见炒货有：五香、奶油、椒盐等各味花生和茶叶，玫瑰、话梅、五香、椒盐等各味瓜子，还有香榧、榛子、松子、杏仁、开心果、腰果、西瓜子，以及兰花豆等。

炒花生口感清脆，能健脾和胃、滋阴调气

炒腰果甘甜清脆，唇齿留香，可润肠通便、润肤美容

鲜果类主要是指四时鲜果，就是时令水果，常见品种有苹果、橘子、葡萄、西瓜、哈密瓜、香蕉、李子、杏子、桃、荔枝、甘蔗，以及杨梅等。

我国幅员辽阔，地跨寒、温、热三个气候带，自然条件优越，瓜果栽培遍及各地，品种资源非常丰富。新鲜的水果营养丰富，多吃一些水果固然好，但南方人不要多吃北方水果，北方人也不要多吃南方水果，因为"一方水土养育一方人"，吃跨地域的水果过多会造成水土不服。

甜食类又称茶糖类，在饮茶过程中起调节口味的

苹果性温，酸甜可口

葡萄营养丰富，糖多性温

作用。在日本，人们饮抹茶时，先要尝些甜食，其理就在于此。

目前在茶艺馆或家庭待客时，选用的茶糖主要有芝麻糖、花生糖、挂霜腰果、可可桃仁、糖粘杏仁、白糖松子、桂花糖、琥珀核桃等。此外，还有掺绿茶、红茶、乌龙茶等的各种奶糖。

点心类的茶食种类很多，一是原料广泛，山珍海味、飞禽走兽、瓜果蔬菜都可作原料；二是质感讲究，口感多样；三是成熟方法多样，炸、煎、蒸、煮、烤、烘、氽等使茶点品种更加丰富。

常见的茶点品种根据制作的方法分为很多种类，蒸煮类有粽子、汤圆、馄饨、水饺、馒头、包子、米糕、花色面条、糖藕、八宝饭、烧卖、水果羹、银耳羹、赤豆羹；煎炸类有春卷、煎饺、锅贴、麻球、馓子等；烘烤类有金钱饼、月饼、宫廷桃酥、夹心饼干、家常饼、蛋糕等；茶菜类有香干、鹌鹑蛋、火腿片等。

另外，每一种点心又可采用多种配料和不同的做法，形成更多的花色品种。如包子，既可制作叉烧小包、奶黄馅包、香菇素菜包、鲜肉包，又可制作豆沙包、雪菜冬笋包、牛肉小汤包、南翔小笼包等；还有饺子，除了煮水饺之外，还可以做成蒸饺、煎饺等。

所含茶提取液浓度以及其色香味品质决定了茶糖的品质

茶糖即是带有一定茶味、茶香的糖食

原料、配料、制作方式、熟制手段的不同致使点心类茶食呈现出多姿多彩的局面

茶点特色	取材广泛	山珍海味、飞禽走兽、瓜果蔬菜均可
	工艺精湛	质感讲究，口感多样
	熟制多样	炸、煎、蒸、煮、烤等

 097. 如何制作简单茶食

◆挂霜腰果

【原料】

腰果仁 400 克、白砂糖 150 克、花生油适量。

【制作】

☆炒锅置于中火上，注入花生油，冷油放入腰果仁，温油低温炸 3~5 分钟，腰果颜色略变，立即捞出。

☆锅里放少许清水，加入白糖，小火慢慢熬至糖浆由大泡转为细密小泡时，放入腰果，翻拌均匀，使糖液均匀地沾在腰果表面，冷却后入盘即可。

【特色】

色泽洁白，香酥脆甜。

腰果味甘性平，可补肾健脾，润肠通便，延缓衰老，增进性欲

白砂糖味甘性平，可和中益肺，舒肝养阴，调味

◆五香花生米

【原料】

花生米 500 克，盐 50 克，花椒、大料、豆蔻、姜各适量。

【制作】

☆将花生米洗净，用温开水泡约两小时。

☆锅内加水上火，放入盐、花椒、大料、豆蔻、姜，加入花生米煮熟。

☆如果当时吃不完，要连汤倒入盆内，吃时捞出盛盘即成。

【特色】

五香味浓，宜下酒饭。

花生味甘性平，能健脾和胃，润肺化痰，滋阴调气

◆奶油五香豆

【原料】

蚕豆 500 克，白糖 100 克，盐 25 克，桂皮、茴香、奶油各适量。

【制作】

☆先将蚕豆去杂、洗净，放在清水中以旺火煮 30 分钟后捞出。

☆锅中水倒掉，把蚕豆重新放入锅中，加清水至淹没蚕豆为准，加入盐、糖、桂皮、茴香等辅料，用文火煮至水干。

☆将铁锅烧热，倒入煮好的蚕豆，用小火焙炒，不断翻动，直至水分焙干。

☆锅离火，放入少量奶油，搅拌均匀，冷却后即成奶油五香豆。

【特色】

蚕豆色呈淡棕色，口感脆硬而富有芳香之味，美味可口。

蚕豆味甘性平，补中益气，健脾益胃，利湿止血，补脑

◆芝麻糖

【原料】

芝麻 500 克，白糖 400 克，饴糖（或蜂蜜）200 克。

【制作】

☆将芝麻放入铁锅，用文火翻炒 5 分钟。

☆将炒熟的芝麻平摊在台板上。

☆在锅内加一点清水，将白糖、饴糖入锅熬煮至黏稠，倒在芝麻上。

☆在擀面杖上涂些油将糖擀平，并使芝麻与糖黏结。

☆芝麻饼未完全冷却时，依个人习惯，用刀将其切成片或块。

【特色】

香、脆、甜。

芝麻味甘性平，可开胃健脾，助消化，化积滞，降血压

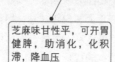

蜂蜜味甘性平，可润肺止咳、调补脾胃

◆桂花核桃糖

【原料】

核桃仁 250 克，白砂糖 250 克，糖桂花 5 克，蜂蜜 60 毫升，猪油少量，植物油适量。

【制作】

☆用开水将核桃仁焯 1 分钟左右，沥干水分捞出。

☆将核桃仁放入温油中余 5 分钟左右，颜色略转黄即可捞出冷却。

☆锅中加入少量水，将白糖熬煮溶化后，再加入蜂蜜煮沸，并加入少量猪油，改用文火，在此过程中需要不断地搅拌，熬至用筷子挑起糖液能拉丝时，关火。

☆将核桃仁和糖桂花倒入锅中，拌均匀后，迅速将核桃仁一颗颗拣出，即成。

桂花气味芬芳，能化痰止咳、缓急止痛

【特色】

色泽浅黄，松脆香甜。

核桃仁是难得的补脑坚果，能促进头部血液循环，还能增强大脑记忆力

◆糖膏茶

【原料】

白糖 500 克，红茶 50 克，色拉油适量。

【制作】

☆将红茶加水煎熬，每 20 分钟提取一次茶汁，再加水，取三四次，至茶汁变淡无茶味。

红茶可清热解毒、养胃利尿、提神解疲、抗衰老

☆将所取茶水用文火烧煮至茶汁浓厚，加入白糖调匀。

☆继续用文火熬，熬至用筷子挑起糖液能拉丝而不粘手时关火。

☆在瓷盘上抹匀色拉油，将热糖液倒在上面。

白糖味甘性平，有着润肺生津、补中缓急的功效

☆待糖液稍冷，根据个人喜好，用刀将糖切成菱形、长方形或三角形即成。

【特色】

消食舒胃，甜而不腻。可治饮食积滞、膨闷饱胀、胃痛不适等症。

◆桂花赤豆糕

【原料】

白糖 200 克，赤豆 100 克，桂花茶叶 20 克，琼脂适量。

【制作】

☆用 600 毫升热开水冲泡茶叶 5 分钟，取茶汁备用；将赤豆与水同煮，取赤豆汤。

☆将茶汤与赤豆汤倒在一起,加入琼脂后煮至琼脂完全溶化。

☆将此浓液倒入模型杯中,加入少许赤豆,冷却后放入冰箱冷冻室。食用时,倒扣在盘中即可。

【特色】

色彩悦目,入口香甜。

用赤豆做成的桂花赤豆糕色彩悦目、入口香甜,是一道美味可口的茶食

◆抹茶甜糕

【原料】

糯米粉 100 克,白砂糖 100 克,食用油、抹茶各少许。

【制作】

☆将糯米粉、白砂糖和抹茶混合均匀,慢慢倒入清水,用筷子搅拌成稀糊状。

☆在方形容器内涂抹食用油,将米糊倒入其中,盖上保鲜膜。

☆放入微波炉内加热 6 分钟,出炉冷却。

☆待抹茶甜糕冷后,倒置砧板上,切成方块或三角形即可。

◆茶香水饺

【原料】

饺子皮、绿茶、猪肉馅、白菜、调味品、盐各适量。

【制作】

☆将白菜剁好,挤出水分备用。

☆茶叶泡开后切碎,茶汁备用。

☆将白菜、茶叶放入猪肉馅中拌匀,加入盐和调味品。

☆在调好的馅里加少许茶汁,再次搅拌均匀。

☆将馅包进饺子皮里,入锅煮熟即成。

茶香水饺的特点是风味别致、清香宜人

◆绿茶冷面

【原料】

高筋面粉 600 克,绿茶 25 克,盐少许,调味料适量。

【制作】

☆用一杯开水将绿茶冲泡几分钟，取茶汁冷却备用。

☆在面粉里放少许盐，加茶汁揉匀后，醒面 10 分钟，再揉一次，直至面团光滑发亮。

☆将面团擀成薄片，切成细面条。

☆把面条煮熟后捞出，放入凉开水中浸泡，待冷却后捞起，食用时依个人口味加入调味料。

绿茶冷面的特点是清香可口、风味怡人

◆茶奶冻

【原料】

牛奶 150 毫升，鲜奶油 60 克，白砂糖 60 克，抹茶、琼脂各少许，色拉油适量。

【制作】

☆将抹茶放入少许热开水中融化。

☆将琼脂放入碗中加少许水浸涨，放入微波炉加热 30 秒。

☆将牛奶和糖放入碗中，放入微波炉加热 2 分钟。

☆将上面三者混合后，冷却至糊状，加入鲜奶油并搅拌至起泡。

茶奶冻的特点是色泽诱人、口感爽滑

☆在盘中抹少许色拉油，将茶奶糊倒入盘中，放入冰箱冷冻，待凝固后切成块即可。

◆抹茶豆沙冻

【原料】

白豆沙馅 200 克，白糖 300 克，抹茶粉 8 克，琼脂 15 克，麦芽糖 30 毫升。

【制作】

☆将琼脂放入碗中，加 50 毫升水，静置 2 小时使之充分吸水。

☆将白糖放进 200 毫升水中溶化后，放进微波炉加热 90 秒。

☆糖水碗内加入浸泡的琼脂，加盖加热 2 分钟，快速搅拌，使之溶解。

☆放入白豆沙馅、抹茶粉和麦芽糖，加热 1 分钟，取出搅拌均匀，再加热 1 分钟。

☆取出，倒入盘中，待冷却凝固后切成方块，装盘即食。

【特色】

色泽墨绿，滋润光亮，茶香味浓，入口酥化。

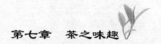

◆红茶甜橙冻

【原料】

甜橙 3 个，红茶 3 克，琼脂 15 克，蜂蜜、白糖各少许。

【制作】

☆将红茶以 600 毫升清水泡开，取茶汤备用。

☆甜橙切成两半，将肉取出，压出橙汁备用。

☆用清水将琼脂浸涨。

☆将茶汤煮沸，放入浸涨的琼脂。

甜橙性温味甘、酸，可生津止渴、开胃消食、补充体力，特别适合夏季食用

☆琼脂溶化后加入蜂蜜、白糖、橙汁拌匀，放凉后，将红茶琼脂橙汁倒回半个甜橙皮中，放入冰箱冷冻。取出即可食用。

【特色】

酸甜可口，别致出众。

◆绿茶银耳羹

【原料】

绿茶 10 克，银耳 6 克，白糖 50 克，蜂蜜、淀粉各适量。

【制作】

☆将银耳用温水泡发 1 小时，然后放入 500 毫升水中煮至熟烂。

☆将绿茶放入 200 毫升开水中泡开，取茶汁备用。

银耳可补气和血、强精补肾、润肠益胃，绿茶银耳羹的特点是清甜适口、美容养颜

☆将茶汁和白糖倒进银耳锅中，加入少许水淀粉煮沸即可，食用时可依个人口味加适量的蜂蜜。

◆绿茶莲子羹

【原料】

绿茶 15 克，通心莲 50 克，水淀粉、白砂糖各适量。

【制作】

☆将通心莲置锅中，加 300 毫升水煮烂。

☆用 200 毫升开水将绿茶泡开，取汁备用。

☆将茶汁和白砂糖加入莲子汤中，加入水淀粉煮沸，装碗即可。

通心莲即去掉莲心的莲子，以其制成的绿茶莲子羹有清心顺气之效

【特色】

酥软顺滑。

◆百合西米糯米羹

【原料】

百合瓣 150 克，西米 100 克，糯米 100 克，绿豆 50 克，红枣 50 克，白糖 100 克，湿生粉 100 克，薄荷叶少许。

【制作】

☆取洁白的百合瓣洗干净备用，绿豆、红枣洗干净，西米用水涨发。

☆糯米淘洗干净，用清水煮沸 3 小时，上笼蒸成米饭。

☆将绿豆、红枣加清水煮沸，用文火焖 10 分钟，加百合瓣再煮沸，焖至熟烂加白糖、西米，搅拌后，淋入湿生粉。

☆将薄荷叶切成细丝，用清水洗一下，放入锅中，搅匀后盛入碗中即可。

百合性平味甘，能补中益气，养阴润肺，止咳平喘

【特色】

清凉爽口，清甜酥糯。

◆瓜片莲子汤

这里的瓜片是六安瓜片茶叶，并不是冬瓜、南瓜之类的瓜。六安瓜片茶叶产自安徽六安市，唐代陆羽《茶经》中有寿州茶区的记载，历史名茶有六安瓜片、霍山黄芽、舒城兰花、舒城珍眉等。其中六安瓜片为全国十大名茶之一，始源元朝，贡于明朝，明代徐光启《家政全书》中记载：六安州之瓜片，为茶之极品。

【原料】

六安瓜片茶 5 克，莲子 40 克，冰糖 20 克。

六安瓜片茶香高味醇，有清心目、消疲劳、通七窍之效

【制作】

☆在锅中加 400 毫升水，将莲子煮熟。

☆将六安瓜片茶和冰糖放在大碗中加水，

待冰糖溶化后，倒入莲子汤中，加盖焖 3 分钟，不需再放火上煮，盛出即可食用。

【特色】

茶香宜人，清甜适口。

◆绿茶粥

煮绿茶粥其实很简单，和平时煮白米粥差不多，在煮粥时加入茶汁，使粥有淡淡的绿茶香味。绿茶的品种依个人爱好取用。

【原料】

绿茶 5 克，粳米 100 克，调味品适量。

【制作】

☆将茶叶用沸水分 3 次冲泡，取得茶汁 500 毫升备用。

☆粳米淘洗净，用茶汁煮粳米，文火熬成粥，食用时可添加适量调味品。

绿茶粥的特点是和胃消食、对抗疲劳，且简单易学、操作方便

【特色】

和胃消食，抗疲劳。

◆红茶糯米粥

红茶品性温和，味道醇厚，可以帮助胃肠消化、促进食欲，可利尿、消除水肿，并强壮心脏功能。因此，除了每天饮用红茶外，还可以将红茶做成茶食来用，这款红茶糯米粥保健性强，具有降血糖作用，适合糖尿病人食用。

【原料】

红茶 20 克，糯米 80 克。

【制作】

在锅中加入 800 毫升水，煮沸后倒入淘净的糯米，文火将粥煮熟后关火，加入红茶焖 10 分钟即可。

糯米性温味甘，可补中益气，健脾暖胃

◆抹茶芝麻糊

黑芝麻有补血、润肠、通乳、养发等功效，经常食用能使皮肤光滑、皱纹减少、肤色红润白净。如果再加入茶叶，可达到滋肝补肾、养血润肺之功效。

【原料】

抹茶 10 克，黑芝麻 20 克，糯米粉 20 克，白糖 50 克。

【制作】

☆将抹茶研末，黑芝麻炒熟后捣成碎屑，糯米粉加水调湿。

☆将黑芝麻屑和白糖置锅中，加水 600 毫升，用中火加热，煮沸后加入茶末，熄火，加盖闷 5 分钟。

☆倒入糯米糊，边加热边用筷子调匀，待再次煮沸成糊状即可。

抹茶芝麻糊具有滋肝补肾、养血润肺的作用

◆ 血糯八宝饭

【原料】

血糯米 150 克，细豆沙 50 克，白糖 50 克，熟猪油、猪板油、桂圆肉、莲子、蜜枣、葡萄干、青梅、杏脯、瓜子仁、熟松仁各适量。

【制作】

☆将血糯米用清水淘净，浸泡 6 小时以上，放入笼内蒸熟。

☆熟糯米内加入白糖和熟猪油搅拌匀。

☆将猪板油切成小丁，莲子隔水蒸酥，蜜枣去核与其他果料一起切成碎片。

血糯米因其色殷红如血而得名，可滋补气血，养颜护肤

☆在大碗的碗壁上涂匀熟猪油，将板油丁放入碗中间，果料碎片铺入碗内，可摆成各种图案。

☆加入半碗糯米饭，揿成凹形，加细豆沙，豆沙上面再加入另一半糯米饭刮平，放入笼屉内，蒸 1 小时左右取出，倒扣至盘子上，即成。

【特色】

色鲜味美，甜中带香，油润香甜。

◆ 祁门茶干

【原料】

祁门红茶 6 克，香干 300 克，生姜、青葱、食盐少许。

【制作】

☆将祁门红茶用纱布包好，生姜拍松，青葱打结。

祁门茶干色泽酱红，芳香适口

☆在清水锅中放入香干、茶叶包及所有调料，旺火烧沸后，转小火煮 15 分钟，关火浸泡 4 小时后即成。

◆五香豆腐干

【原料】

豆腐干 500 克，红茶末、桂皮、茴香、八角、红酱油各适量。

【制作】

☆将豆腐干洗净，用清水将豆腐干煮熟，倒去热水，以去除豆腥气。

☆锅内加清水，放入红茶末、桂皮、八角、茴香、红酱油，急火烧沸，改文火煮半小时即成。

制作要诀

视咸淡程度可增减红酱油量，也可加些食盐、味精等。

【特色】

色泽酱红，浓香四溢。

◆茶香花生米

【原料】

花生米 500 克，绿茶 15 克，盐 25 克，五香粉、味精、八角、姜各适量，葱段 5 克。

【制作】

☆将花生米洗净，放入锅中加水适量，投入其他作料，用大火烧开。

☆转用小火焖熟至酥烂即成。

茶香花生米的特点是入口咸香，味厚醇香

◆红茶鹌鹑蛋

【原料】

鹌鹑蛋 20 个，红茶 2 克，猪油 30 克，盐、酱油、姜片、桂皮、大茴香、小茴香各少许。

【制作】

☆将鹌鹑蛋洗净后放清水中，开火煮沸后再煮 3 分钟，然后捞出，浸泡在冷水中至凉。

☆将蛋壳轻轻捏出裂痕后再放入锅中，加入红茶、猪油、酱油、盐、姜片、桂皮、大茴香、小茴香，加水，以水淹过蛋为准。

☆用大火煮沸，再改用小火煮至香味四溢时即成。

鹌鹑蛋有补益气血、强身健脑、丰肌泽肤等功效

【特色】

补虚健脑，香气飘逸。

◆茶香粽

【原料】

粽叶 20 片，糯米 500 克，乌龙茶 40 克，蜜枣、蜜豆、线绳各适量。

【制作】

☆将粽叶洗净，放在开水锅中煮 5 分钟，捞起整理整齐，沥干水备用。

☆取一半乌龙茶，加沸水冲泡，滤出茶汁，放凉。

☆糯米淘洗干净，加入茶汁，浸泡 24 小时。

☆在糯米中加入蜜枣、蜜豆，用线绳将其包成粽子。

☆锅中加水，将包好的粽子放入锅，将另一半乌龙茶放入锅中，与粽子同煮。烧煮约 4 小时左右关火，闷几小时即成。

【特色】

和胃消食，抗疲劳。

◆红茶玫瑰粥

【原料】

红茶包 1 包，玫瑰花 4 克，百合花 5 克，粳米 50 克，糯米 80 克，冰糖适量。

【制作】

☆将玫瑰花、百合花分别洗净，沥干；粳米、糯米洗净，浸泡 30 分钟备用。

☆锅中加清水，放入玫瑰花、百合花、红茶包，水开后，煮 8 分钟，捞出。

☆将粳米、糯米倒入锅中，大火煮开，转小火，煮至黏稠，调入冰糖，煮化即可出锅。

【特色】

色鲜味美，温润香甜。

◆茶香金橘蜜饯

【原料】

金橘 500 克，龙井茶 25 克，白糖 250 克，清水适量。

【制作】

☆将金橘洗净，对半切开，挖去果核。

☆锅内水烧开，放入茶叶熬煮出味，沥去茶叶。

☆将金橘和白糖放入锅中，中火烧开转小火熬制到入味。

☆取出蜜饯，平铺在油布上，烤箱最低温烤制 40 分钟，即成。

【特色】

色泽金黄，壳脆肉甜。

◆红茶香酥饼

【原料】

红茶 10 克，面粉 400 克，燕麦面 50 克，油、盐、五香粉各适量。

【制作】

☆将红茶放入开水中，静置放温，充分泡出茶色，取茶汤备用。

☆取 60 克面粉放入耐热的碗中，将等量的热油慢慢倒入面粉中，迅速搅拌均匀，制成油酥。

☆将剩下的面粉加上燕麦面，用红茶水和成面团，搓揉至表面发光，醒 15 分钟。

☆将醒好的面团分剂子，擀成面皮，撒上少许盐和五香粉，用擀面杖擀一下压实。

☆在面皮上刷上油酥，卷起，团成团，再压实擀开，放煎锅中，烙至两面金黄即可。

【特色】

底部金黄香脆，面部洁白柔软，馅心鲜嫩多汁。

 098. 什么是茶肴

中华美食历史悠久，品种繁多，风味独特。茶肴是我国菜系中的一枝奇葩，是用茶或茶水与烹饪原料一起烹制而成的菜肴。茶肴的特点在于利用茶特有的清香调味除腻，还可以通过茶中丰富的营养物质，增强菜肴的营养价值和药用功能。

历代名厨巧妙地将茶品与菜肴完美交融，既改良了菜肴本身的不足，又使菜肴通过茶的渗透达到去油腻、去腥、去异味的作用，清雅爽口、味美芳香，色、香、味更具特色。

 099. 以茶入菜有什么讲究

第一，根据茶性选择入菜。

绿茶是非发酵制成，色碧绿、味清香，适合烹制清新淡雅的菜肴，如碧螺春炒银鱼、香炸云雾、金钩春色等；红茶是全发酵制成，因茶味有点苦涩，故做菜只取汤，适合用于口味浓重的菜肴，如红烧肉、红鸡丁、红牛肉等；花茶是成品绿茶之一，属浓香型，汤汁黄绿，适合用于烹调海鲜类原料，如茉莉花蒸鱼、花鱼卷、花海鲜羹等；乌龙茶是半发酵茶，其香气浓烈持久，汤色金黄，适合用于油腻味浓的菜肴，如乌龙蒸猪肘、铁观音炖鸡等；黑茶属于后发酵茶，叶粗老，色暗褐，适合做卤水汁，适合制作普洱茶香肉、普洱茶东山羊、普洱豉油鸡等。

第二，宜选用新、嫩的茶叶入菜。

因为新、嫩的茶叶中含丰富的蛋白质、有机酸、生物碱及水溶性果胶，各种成分的组成比例也较协调，滋味浓醇，香气清鲜，以其入肴可增加菜肴的鲜香味。

第三，存放时间太长，带有霉味的茶叶不能用于烹制菜肴。

绿茶色泽碧绿澄清、味清香，给菜肴增添清爽可口的风味

用红茶烧制的肉带有菜的清香，肥而不腻

将黑茶入菜不仅可以提升菜肴口感，还具有保健、养生的功效

花茶是成品绿茶之一，属浓香型，汤汁黄绿，适合用于烹调海鲜类原料

100. 所有的茶叶都适合用来做菜吗

从理论上来说，所有的茶叶都可以做菜，就像所有的青菜都可以吃，但是老青菜、有虫眼的青菜、有怪味的青菜肯定不宜食用。茶叶也一样，做菜时，要从色鲜、味香、口感好三方面考虑，因此，香味淡、存放时间长、茶梗多、叶上有虫眼的茶叶就不宜用来做菜，从茶味的效果来说，红茶、绿茶、普洱茶、乌龙茶的效果相对好一些，花茶就要差一些。

小部分茶叶不宜做菜，其粗老、味淡、茶梗多、存放时间长、叶上有虫眼等

多数茶叶适宜做菜，其色鲜、味香、口感好

 ## 101. 做菜时茶叶要完全泡开吗

茶叶要泡开，这样香味才能溢出来。不过泡茶有一定的讲究，从做菜方面来讲，绿茶一般用 80℃的水浸泡 2 分钟即可。泡茶的水以刚煮沸为宜，如果水沸腾过久，即古人所称之 "水老"，不宜泡茶，要将沸水冷却至 80℃以后再用。叶越嫩绿，冲泡水温越低，这样茶汤才鲜活明亮，滋味爽口，维生素 C 被破坏较少。在高温下，茶汤颜色较深，维生素 C 大量被破坏，茶中咖啡碱浸出后茶水会发苦，茶本身的香味会损失，做出的菜肴香味就没有那么浓郁了。

茶叶越嫩绿，所需冲泡水温越低

在高温下的茶汤颜色较深，滋味偏苦，香味也会损失

 102. 茶肴有哪些做法

第一种，将新鲜茶叶直接入肴。通常会选用鲜嫩的茶叶，可以作主料，如炸雀舌是用谷雨时节采摘的嫩芽炸制而成，油炸碧螺春是将碧螺春泡发后油炸，还可以作辅料，如香炸云雾、碧螺春炒银鱼。

第二种，将茶汤入肴。以汤入肴的形式很多，可把泡好的茶连同汤一起倒入锅中与主料合炒，如乌龙肉丝、乌龙汁鱼片；还可按一定比例和原料一起放锅内加水直接煮，如铁观音炖鸡、铁观音煮牛肉丸等；还可用水腌浸鸡鸭鱼肉，待水浸入肉内时，再制成各种菜，成菜不见茶但味浓郁，如童子敬观音、红牛肉；还有"红火锅"，这种火锅和传统火锅的做法基本相同，煮烫出来的菜肴滋味略苦、香，食之不腻。

第三种，将茶叶磨成粉入肴。碾成粉末，融于菜中，既为取之色，又为取香之雅，代表菜例有绿茶沙拉、茶香蟹、茶味鸡粥、茶香腰果等。

第四种，用茶叶的香气熏制食品。用烟雾熏制菜肴，重在取茶的香味，如著名的徽菜毛峰熏鱼。

鲜嫩的茶叶可作为主料或辅料直接入肴，以借助茶的香气与口感。

以茶汤直接入肴，运用炒、煮、炖、腌渍等方式增其味道与香气

将茶叶碾磨成粉入肴，取茶的色香之雅

以茶香熏制的菜肴爽而不浊、风味独特，使人回味无穷

 103. 茶叶和水的配比为多少做出的菜效果最好

入菜的茶水与饮茶的茶水比例是不同的，茶多水少，味浓；茶少水多，味淡。茶中多酚类物质会有苦涩味，烹制茶肴时，用量应当适度，因为量多了会带来苦涩味，量少了又体现不出茶肴的风味。一般来说，如果茶叶可以保证质量的话，每10克茶叶放入600毫升水浸泡，效果最佳。但是，还要根据不同的菜肴增减水量。

104. 做不同的茶肴怎样选取茶叶

制作菜肴时，应视菜的主材料来选取茶叶。海鲜腥味重，烹调海、河鲜类原料，选择香味浓的花茶效果最好，如花茶鱿鱼卷、茉莉花茶蒸鱼、花茶海鲜羹等。口味重、色泽重的菜肴，可以用红茶去腥解腻，还具有一定的养胃作用，如红茶蒸鳜鱼、红茶烧肉、红茶鸡丁、红茶牛肉等。口味较清淡的菜肴适合用绿茶，比如龙井虾仁。普洱茶的茶汤色泽红亮，用于焖、烧效果最好。铁观音茶叶大而且香味比较浓郁，可以将其泡开，经炸制后配菜，如铁观音肉片汤、乌龙蒸猪肘、铁观音炖鸡等，还可以泡出茶汤做饺子。

另外，灼虾、蒸鱼适宜用绿茶汤；普洱茶适合做卤水汁；碧螺春适合女士美容饮用，如一款太极碧螺春菜式，它先以矿泉水泡出茶味，再将茶叶捣碎混合到一起做羹汤等。

清香馥郁的花茶有助于中和海鲜、河鲜类的腥味

烹调肥腻厚味的焖烧类菜肴可选解腻消食的普洱茶

烹调口味重、色泽重的菜肴适宜选取养胃解腻的红茶

105. 所有的烹饪原料都可以用来制作茶肴吗

做茶肴时，需要根据菜的主料来选择茶的类别，相应地，茶也有选择菜的权利，并不是所有的菜都适合配合茶来制作茶肴。从烹饪效果来看，海鲜、肉类都可以当茶肴的材料；蔬菜中比较脆的梗类原料可以制作茶肴，选用以香味浓的红茶为优，大多用来制作凉菜。蔬菜中的一些叶类菜由于烹饪后质地软烂，所以不宜用茶叶来烹制。

海鲜、肉类都适宜做茶肴的材料

梗类蔬菜适宜与红茶搭配

叶类蔬菜不宜用茶叶搭配烹制

106. 烹饪时的香料是否会影响茶叶的香味

在烹饪美食时，常用到葱、姜、蒜、红辣椒、五香粉等香辛料，为了给菜提鲜，在菜炒熟之后还会加入鸡精和味精。但是在做茶肴时，大葱具有辛辣芳香之气，易将茶的自然香气掩盖；生姜含有一定的辛辣芳香成分，易对茶固有的气味造成干扰；大蒜辛香浓烈，与茶的清香淡雅之气截然相反；辣椒含有大量辛辣成分辣椒素，易对人的味觉产生过烈刺激。

因而，就要尽量少用或不用这些调味品，这样才能体现出茶的本性，突出茶肴的清淡鲜香、香味浓等特点。

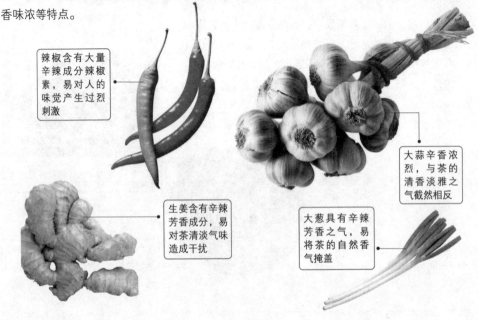

辣椒含有大量辛辣成分辣椒素，易对人的味觉产生过烈刺激

大蒜辛香浓烈，与茶的清香淡雅之气截然相反

生姜含有辛辣芳香成分，易对茶清淡气味造成干扰

大葱具有辛辣芳香之气，易将茶的自然香气掩盖

107. 哪些调料不适合烹饪茶肴

茶肴应突出清淡的茶香，保证食物无腥不腻。在平时的菜肴中，我们经常用香辛料来处理腥腻之物，但在茶肴中，这种方法并不适用，因此除了辣椒、香辛调料、蒜之外，花生油、猪油、奶油、芥辣、黄油也尽量不要用，因为它们的香味过于浓郁，如果掌握不好用量，就会遮盖茶香。因此，初做茶肴时，尽量少用或不用这些辅料。

108. 所有人都可以食用茶肴吗

　　茶有诸多保健功效，常饮茶水或食用茶肴可以起到防病治病的目的，这也是将茶添加到菜肴中的初衷。但是，"是药三分毒"，茶肴既然有药用价值，食用时就要有讲究，并不是所有人都可以随便吃，比如茶叶中含有大量的儿茶素，容易造成胃部溃疡，所以有胃病的人就要少吃。茶中的咖啡碱虽然和咖啡中的咖啡碱形态不同，但也能够起到提神的作用，而且持续时间较长，因此，神经衰弱的人不适合吃茶制成的茶肴。

109. 什么是茶膳

茶的加入

传统饮茶
以各类茶叶的冲泡饮用为主。

保健茶
茶保健功能的发现与应用。

　　茶饮阶段

吃茶
将茶添入独特的个体食物中。

茶膳
茶食制作与取用的逐步系统化、规范化。

　　茶食阶段

　　对于茶，过去人们一直习惯饮用传统的花茶、绿茶、红茶、乌龙茶等，而随着生活水平的提高，人们在吃好的同时也开始注重喝好，于是保健茶应运而生。保健茶之后，又从"饮茶"到"吃茶"，其方法是将乌龙茶、红茶或绿茶的茶末、茶粉加入食品中，从而创制出全新的食品，如山西的茶心面包；杭州的茶可乐、茶汽水；台湾的李白茶酒；北京的茶冰激凌；四川的蒙顶贡茶酒；贵州的眉窖茶酒等。但"吃茶"在某种程度上只是将茶叶加入作为个体的单个食品或某一类食品中，而"茶膳"则是在"吃茶"的基础上，有意识地将茶作为菜肴和饭食的烹制与食用方法，形成茶饭、茶菜、茶食品、茶饮料的全面配套的特色餐。现在，茶膳正逐渐成为一种大众化的茶叶消费方式进入到人们的生活中。

古老的茶食、茶膳多数源自有着悠久种茶传统的少数民族手中

 ## 110. 茶膳的起源和现状是怎样的

中国是茶的发祥地,吃茶并不是从现代的某一天开始的,而是从周朝初期就开始吃茶叶了。东汉壶居士写的《食忌》说:"苦茶久食为化,与韭同食,令人体重。"《晏子春秋》记述:"婴相齐景公时,食脱粟之饭,炙三弋五卵,茗菜而已。"唐代储光羲曾专门写过《吃茗粥作》一诗,清代乾隆皇帝十分钟爱杭州的龙井虾仁,慈禧太后则喜欢用樟茶鸭宴请大臣。今天,我国许多地方仍保留着吃茶叶的习惯,如云南基诺族有吃凉茶的习俗,傣族有竹筒茶等。

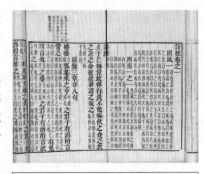

《诗经》中"采茶薪樗,食我农夫"即描述了旧时农民采茶取薪的困苦生活

20 世纪 90 年代以来,随着生产和茶文化事业的发展,茶膳开始进入了新的发展阶段。目前,最有代表性的茶膳有:北京的特色茶宴,有玉露凝雪、茗缘贡菜等;上海的碧螺腰果、红景凤爪、旗枪琼脂、太极碧螺羹等;台湾的茶宴全席、茶果冻、茶水羹、茶叶蛋、乌龙茶烧鸡等;香港的武夷岩茶扣鲍鱼角、茉莉香片清炒海米等;杭州的狮峰野鸭、龙井虾仁、双龙抢珠等。

 ## 111. 如何做好茶膳

茶膳消费群体广泛,发展空间很大,而且茶膳原材料资源十分丰富,成本相对较低,具有较高的开发价值和良好的商业前景。我国的茶膳还处于发展的初级阶段,需要在实践的基础上逐渐丰富改进。为了更好地做好茶膳事业,需要做好以下三个方面:

首先,着重发展特色与茶膳体系建设。突出口味清淡、制作精巧和富有文化内涵、富有人情味等特点的菜品,使茶膳真正成为特色中餐。

其次,积极宣传引导消费。采用多种消费中喜闻乐见的方式宣传,"茶膳有益健康""茶膳是高品位的消费""发展茶膳,利国利家"等。

最后,使茶膳进入家庭并走向国际。饭店是茶膳发展的根据地。但是,茶膳仅在饭店中是发展不起来的,必须进入家庭,成为家常菜的一种,才能发展得更稳,走得更远。

口味淡雅

制作精巧

茶膳的特色及文化内涵突出,不断充实并富有成效地宣传推广使茶膳得到更多人认同

112. 怎样制作简单茶膳

◆茶月饼

茶月饼又称新茶道月饼，以新绿茶为主馅料，口感清淡微香。有一种茶蓉月饼是以乌龙茶汁拌和莲蓉，较有新鲜感。

> **制作要诀**
>
> 做月饼的面饼可以根据个人爱好，在面粉里加鸡蛋或者黄油、糖、果汁、菜汁等，做成各种口味和颜色的月饼。月饼的馅料也可以做各种尝试，比如将花生、芝麻等炒熟了捣碎做果仁馅，剁五香大肉馅等。

绿茶清香淡雅，滋味爽净

【原料】

面粉 500 克，糖浆 200 克，绿茶粉 50 克，色拉油 150 毫升，凤梨馅适量。

【制作】

☆将面粉、绿茶粉混到一起，加入糖浆、色拉油和水，顺同一方向将所有原料和匀，抓搓成面团。

☆分成剂子面块，擀成圆饼，将凤梨馅包进饼皮，将口捏紧。

☆模子里面刷点油，放进带馅面团，将四周压密实，厚度需与饼模边缘水平一致，以免倒扣时月饼塌陷。

☆倒扣出来，放进烤箱以 200℃烤 10 分钟即成。

◆茶叶面条

【原料】

茶叶 20 克，面粉、配料各适量。

【制作】

☆茶叶用洁净的纱布包好，开水冷却到 60℃左右时，将茶包放入，加锅盖浸泡 10 分钟，若茶叶较粗老，用水量可略多些。

☆用茶汁进行和面，再按制作面条的程序擀片、切条，制出茶汁面条。

☆面条入开水锅内煮熟捞出，加入喜欢吃的配料即可。

茶叶面条茶香沁齿，有助消化

【特色】

色、香、味俱全，既含有茶叶的营养功能，又有清新爽口的口感，风味独特，能增进食欲。

◆茶粥

经常饮茶，有清心神、益肝胆、除烦止渴、醒脑增智的作用。《神农本草经》中云："久服，令人有力悦志。"《本草纲目》曰："茶苦而寒，最能降火。火为百病，火降则上清矣。"以茶叶煮粥食用，能适应急慢性痢疾、肠炎、急性肠胃炎、阿米巴痢疾、心脏病水肿、肺心病和过于疲劳等症。《保生集要》说："茗粥，化痰消食，浓煎入粥。"

【原料】

绿茶 10 克，粳米 50 克，白糖适量。

【制作】

☆将绿茶煮成浓茶汁，粳米洗净，加入茶汁和水，文火熬成稠粥，食用时可依个人口味添加适量白糖。

> 📖 制作要诀
>
> 　　茶粥作为药物的辅助治疗食品，每天两次食用。精神亢奋，不易入眠者，晚餐不要食用

粳米颗粒粗而短，均匀且晶莹透明，可补中益气、健脾胃

◆茶叶馒头

【原料】

新茶、面粉、发酵粉各适量。

【制作】

☆将新茶加适量的水泡制成浓茶汁放凉至35℃，将发酵粉放到茶汁中化开。

☆用发酵水和面，和至软硬适度不粘手。揉匀后，用湿布盖好，醒面发酵。

☆将发好的面再揉匀，醒一会儿，使面团更光滑。

☆这个步骤视个人爱好而定，揉透揉匀后搓成长条，可以切成方块，或揪成剂子揉成圆馍，或做花卷、糖三角，还可以包成各种馅的包子。

茶叶馒头的特点是色如秋梨，味道清香

☆在锅内加清水，将生馍摆在笼屉上，用中火蒸 20 分钟，取出即可。

【特色】

色泽洁白，香酥脆甜。

> 🔒 **制作要诀**
>
> 发酵粉溶于温水中，水温不能超过40℃。最后一道工序，一定要用冷水上屉，放入馒头后，再加热升温，可使馒头均匀受热，松软可口，如果像平常那样大火开水，蒸出来的绝对是死面团。

◆茶叶米饭

【原料】

大米 500 克，客家肉丸 6 个，鸡蛋 1 个，辣椒 1 个，龙井茶少许，蒜、盐、酱油、鸡精各适量。

【制作】

☆将米饭煲熟，煲过的米还需进行炒制，所以加水的量要比平时煲饭少一点。

☆将客家肉丸切成丁，龙井茶叶泡开后捞出凉一下，切成末，蒜和辣椒切成碎片。

> 茶叶米饭中的配料可根据个人口味选定，不同的茶叶会赋予米饭不同的香气，但茶叶宜少不宜多

☆在锅内放少许油，烧热后下蒜、茶叶末和辣椒爆香，之后放入打散的鸡蛋和肉丸一起翻炒，放少许盐和酱油，跟着放熟米饭，不断翻炒至干透，最后再撒点鸡精，快速翻炒匀出锅即可。

◆茶叶薄饼

【原料】

低筋面粉 300 克，奶油 150 克，白糖 105 克，抹茶粉 10 克，杏仁粉 45 克，鸡蛋 1 个。

【制作】

☆将奶油软化，加入白糖一起打发至变白。

☆加入鸡蛋搅拌均匀，再加入低筋面粉、抹茶粉和杏仁粉，混合搅拌打成面团。

☆面团放置 30 分钟后，用擀面杖将面团擀成厚度为 1 厘米左右的面片，用心形模具在抹茶面皮上压模后，取出心形的抹茶面皮备用。

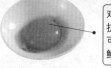

> 鸡蛋能健脑利智、护肝抗衰，蛋汁刷在面饼上可令其口感松软、味道鲜香

☆将抹茶面皮放置于烤盘上，于表面刷上蛋液后，放进 180℃的烤箱中，烤约 20 分钟即可。

◆茶叶水饺

【原料】

嫩茶叶、肉馅各适量，姜、葱、味精、生抽、油、盐、白糖各少许。

【制作】

☆用开水泡茶叶，倒出茶汁，留茶叶备用。

☆将调味品和泡好的茶叶拌入肉馅中，在肉馅中再加适量的茶汁，使肉馅中有水分。

☆和面，擀皮，包饺子，煮熟即可。

> 📋 制作要诀 ◀
>
> 用新鲜的茶叶，最好是春茶。茶叶不必放太多，如果嫌油腻，可适当加点别的蔬菜。

◆八宝茶香饭

【原料】

大米适量，茉莉茶 5 克，干香菇 1 朵，时蔬适量，白胡椒粉少许，油 1/2 大匙。

【制作】

☆将米饭煲熟，煲过的米还会被炒制，所以加水时要比平时煲饭的水量少一点。

☆将茉莉茶用热水泡几分钟即可捞起，并沥去水分。

☆将干香菇泡软，除去蒂头切成丁，时蔬如胡萝卜、黄瓜、青椒等切成丁。

☆锅中加油，用小火将香菇和茶叶炒香。

☆加蔬菜丁、冷白饭及其他配料，改用大火炒松软，撒调料拌匀后起锅即可食用。

◆红茶香蕉蛋糕

香蕉含有大量糖类物质及其他营养成分，可充饥、补充营养及能量；可润肠通便；可治疗热病烦渴等症；可缓和胃酸的刺激，保护胃黏膜；可以抑制血压的升高。香蕉中的甲醇提取物对细菌、真菌有抑制作用，可消炎解毒，还可以防癌抗癌，但不适合脾胃虚寒、便溏腹泻和患有急慢性肾炎及肾功能不全者食用。下面介绍一款红茶香蕉蛋糕的做法。

> 香蕉味甘性凉，有清热解毒、养阴润燥的功效

【原料】

蛋糕粉 5 杯，鸡蛋 2 个，香蕉 5 个，白糖 2 杯，牛奶 1 杯，食用油 1 杯，水半杯，苏打粉、绿茶粉各少许。

【制作】

☆将苏打粉与蛋糕粉混合均匀。

☆将香蕉搅拌成泥，加入白糖和适量的绿茶粉。

☆在混合苏打粉与蛋糕粉的碗中加入打散的鸡蛋，加入牛奶和油，搅拌均匀后，倒入香蕉糊，加半杯水混合均匀。

☆在烤盘抹上一层油，调到 220℃预热。

☆将蛋糕糊倒入烤盘中，送入已预热好的烤箱。

☆用牙签插入试一试，没有面糊沾在上面即可取出食用。

◆茶瓜子

茶瓜子主要有茶叶绿瓜子和玫瑰花瓜子两种。绿茶瓜子颜色呈浅绿色，颗粒饱满，还没送到嘴就已闻到一股浓郁的茶香，迫不及待地拿起一颗放入嘴中，皮薄肉厚，香脆可口，唇齿留香。玫瑰花瓜子主要是由南瓜子和玫瑰花茶制成，爽脆可口，而且营养丰富，还有养颜的功效，最受女士的青睐。下面介绍一款玫瑰花茶瓜子。

南瓜子味甘性平，可补脾益气，润燥消肿

【原料】

玫瑰花茶、南瓜子、盐、糖、玫瑰香精各适量。

【制作】

☆在清水中加入南瓜子与茶叶共同煮制。

☆加入调味料，使香味渗入瓜子仁后，去除茶叶，并沥去多余的水分，再经炒制即成。

【特色】

在止干渴、去烦躁、舒筋骨、除疲劳、清口腔、助消化、振精神、防治前列腺疾病等方面具有独特的功效。

◆绿茶蜜酥

【原料】

中筋面粉 120 克，低筋面粉 100 克，猪油 85 克，糖 20 克，温水 40 克，绿茶粉 10 克，红豆沙、绿豆沙、芝麻五仁各适量。

【制作】

☆将中筋面粉和 40 克温水、40 克猪油、20 克糖混合均匀，揉成表面光滑细致的面团，制作成油皮。

☆将低筋面粉与绿茶粉、45 克猪油混合均匀，揉成面团，制作成油酥。

☆将油皮与油酥分别揉成长条，切成 10 个大小一致的小面块。

☆将油皮稍揉圆，用手压扁，包入油酥，收口朝上，擀成牛舌状。

☆将擀好的面皮由上至下圈成圆筒，醒面 10 分钟；将卷好的圆筒稍稍擀开。

☆包入适量的馅料，收紧口，用手轻轻将包好馅料的面团搓圆，收口朝下置于烤盘上。

绿茶蜜酥色泽金黄，口感酥软、甜润，茶香清爽

绿豆味甘性寒，有清热解毒、利尿消暑、降脂平肝的作用

☆烤箱预热 200℃，烤 20 分钟后，观察到点心稍微变色，酥皮层次显现出来即成。

◆绿茶蛋糕

【原料】

面粉 100 克，酵母粉 5 克，砂糖 30 克，黄油 45 克，牛奶 1 大勺，奶油香精少许，绿茶粉 10 克，鸡蛋 4 个，食用油适量。

【制作】

☆把鸡蛋和砂糖混合，用打蛋器用力打出泡沫，觉得有厚重感即可。

☆将黄油用微波炉加热融化。

☆将面粉、黄油、酵母粉、牛奶、奶油香精和绿茶粉一起放进蛋液，用力搅拌均匀。

☆在制作蛋糕的容器上抹点食用油，把搅拌好的面糊倒入容器，表面抹平，然后轻轻地用保鲜膜盖住，放入微波炉加热。

☆用竹签刺入，如果竹签上不沾液体，就可以出炉食用了。

绿茶蛋糕色泽金黄，口感松软，滋味鲜美、甜润

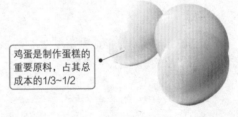

鸡蛋是制作蛋糕的重要原料，占其总成本的1/3~1/2

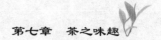

◆桂花核桃糖

【原料】

核桃仁 250 克，白砂糖 250 克，糖桂花 5 克，蜂蜜 60 克，猪油、植物油各适量。

【制作】

☆将核桃仁用开水焯一下，捞出沥干，用温热的植物油炸熟。

☆把白砂糖加入清水中熬化，加入蜂蜜煮沸，并加入猪油。

☆糖温达到 140℃时，端锅起火，把核桃仁和糖桂花放入，搅拌均匀即可。

◆茶叶果冻

【原料】

琼脂 15 克，茶叶 5 克，糖、果汁各适量。

【制作】

☆茶叶冲泡后去渣，取茶汤两大碗，倒入锅中。

☆在茶汤中放入琼脂，煮至溶化，关火，根据个人口味加糖或果汁。

☆倒入模型杯中，如果准备添加水果，在即将凝固前加水果丁，放置于冰箱冷冻室中，凝固即可。

> **制作要诀**
>
> 如果将茶冻切成小块，加上各种水果切块、浇上糖浆，即成美味可口的茶冻甜点。假如在茶冻尚未凝固时加入菊花，即可制成菊花茶冻。

◆茶叶冰激凌

【原料】

茶汤适量，鸡蛋 1 个，奶粉、稳定剂、砂糖各适量。

【制作】

☆在过滤后的茶汤中加入鸡蛋、奶粉、稳定剂和砂糖，搅拌均匀。

☆经巴氏灭菌、冷却、老化，再经凝冻成型，硬化成茶叶冰激凌。

【特色】

可消暑解渴，而且色泽翠绿，口感鲜爽，并具丰富营养和保健功能。

◆茶叶酸奶

【原料】

牛奶、酸奶、绿茶粉各适量。

【制作】

☆在杯子里倒入牛奶，七分满即可，放入微波炉加热，以手摸杯壁不烫为准。如果是塑料袋装的牛奶，最好煮开后凉成温的。

☆在温牛奶中加入酸奶，用勺子搅拌均匀。

☆电饭煲加水烧开后，将水倒出断电。将奶杯放入电饭煲，盖好电饭锅锅盖，利用锅中余热进行发酵。

☆10 小时后，低糖酸奶就做好了，但自制酸奶只可以在冰箱里存放两天。

☆250 毫升酸奶，加入 3 克绿茶粉搅拌均匀就可以了。

◆茶叶啤酒

【原料】

茶叶、啤酒各适量。

【制作】

☆将喜欢喝茶叶用开水泡一下冷却。

☆以 3：1 的比例兑入冷茶汁即可。

【特色】

茶香浓郁，味醇至极，微苦中蕴含舒爽。

乌龙茶的芬芳

绿茶的鲜爽

麦芽的柔醇舒爽

> 茶叶啤酒茶香浓郁，味醇至极

◆白毫猴头扣肉

【原料】

白毫乌龙茶 5 克，素火腿 300 克，猴头菇 2 朵，梅菜、酱油、盐、糖、姜末、辣油、白醋、豆瓣酱、淀粉各少许。

【制作】

☆将白毫乌龙茶叶用开水泡开，取茶汤备用。

☆将素火腿、猴头菇分别煎至香味溢出，然后将素火腿摆放在碗中央，猴头菇排两旁。

☆将梅菜洗净、切碎、炒香，加入泡好的茶汤和酱油、糖、姜末，炒至入味，倒入碗中，上笼蒸 40 分钟，取出扣入盘中。

猴头菇，鲜美嫩滑，有健胃补虚、益精抗衰的功效

☆用炒锅把辣油、豆瓣酱炒香，加入剩下的茶汤和盐、白醋、糖、淀粉，勾兑成芡汁淋在盘中。如果想要好看，可以将新鲜的青菜心用水烫一下，取出摆在盘子的四周。

◆绿茶豆腐

珍贵的龙井茶，泡过一两次水的茶叶如果倒掉，实在有点可惜。如果将龙井和豆腐搭配起来做成菜肴，不但营养丰富，吃起来还鲜嫩可口，清淡养胃。这两种原料可以采用凉拌和清炒两种方式烹饪。

（1）凉拌。

【原料】

水豆腐1块，茶叶、盐、香油各适量。

豆腐是黄豆制品，人们把黄豆加水发胀、磨浆去渣，煮熟后加入盐卤或石膏，使豆浆中的蛋白质凝固而成豆腐

【制作】

☆锅中加水，水豆腐煮5分钟后捞出待用。

☆在豆腐中拌入盐、香油。

☆放入冲泡过两次开水的茶叶，搅拌之后即可食用。

（2）清炒。

【原料】

老豆腐1块，鸡蛋1只，绿茶、食用油、盐、香油、葱花各适量。

【制作】

☆将老豆腐洗净，鸡蛋1只打入碗中，加少许盐搅匀。

☆锅内放少量食用油烧热，加豆腐，用勺捣碎，边炒边煎至水分收干后，加绿茶、鸡蛋液，边拌边淋上香油，再加葱花翻炒至熟即可出锅。

◆冻顶焖豆腐

【原料】

老豆腐500克，冻顶乌龙茶50克，花生米150克，食用油、盐、酱油各适量。

【制作】

☆将老豆腐洗净，入清水中滚煮约10分钟去其豆腥味。

☆换清水，放入豆腐与冻顶乌龙茶，加少许酱油置旺火上煮沸后，转小火焖至豆腐呈金黄色时，捞起冷却，切片装盘即可。

冻顶焖豆腐油润爽滑，滋味鲜香，色香味俱佳

☆锅内放入食用油，五成热时放入花生米，转小火至花生皮微变色、香味溢出时，即可捞出滤油，入盘后趁热加入适量盐拌匀冷却，与豆腐片同食。

◆红烧龙井大排

【原料】

排骨 1000 克,龙井茶叶 25 克,花生油适量,葱末 50 克,姜汁 15 克,醪糟汁 30 毫升,料酒、蚝油、花生酱、酱油、五香粉各少许。

【制作】

☆将排骨剁成 10 厘米长的段,放入葱末、姜汁、醪糟汁、料酒、蚝油、花生酱、酱油、五香粉腌 30 分钟。

☆龙井茶叶泡开,捞出茶叶,控干水分。

☆锅内加花生油,烧至五六成热时,放入龙井茶叶,炸至香酥时捞出备用。

☆锅内加油,烧至油温至四成热,放入腌好的排骨,炸至金黄色捞出,再将油温升至六成热,将排骨复炸至熟,捞出控油。

☆锅留底油,待油温至三成热时,放入排骨、龙井茶叶,轻轻翻匀即可出锅。

红烧龙井大排色泽金红,骨肉酥软,香气浓醇

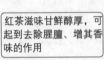

龙井茶滋味清雅、香醇,可起到提香、消食化腻的功效

◆红茶牛肉

"红茶牛肉"是用红茶汁先将牛肉块煨好,再配以其他作料烧制,一是去其腥味,二是使牛肉变得鲜嫩,不会嵌入牙缝,牛肉入口慢嚼,一股浓浓的红茶与牛肉香味溢满口中。

【原料】

牛肉 1000 克,红茶 10 克,红枣 2 个,葱花、姜、花椒、八角、盐、糖、油各适量。

【制作】

☆将红茶泡入开水中,待 2 分钟后除去茶渣,茶汁备用。

☆将牛肉用开水洗净,切小块,放入锅内加红茶汁,文火炖熟,捞出。

☆锅内倒油,油八成热时,放入葱花、姜、花椒、八角炒香,倒入煮熟的牛肉,加盐、糖、红枣炖 20 分钟即可。

红茶牛肉口感酥软鲜嫩,滋味甘醇,香气悠长

红茶滋味甘鲜醇厚,可起到去除腥膻、增其香味的作用

◆ 太和蘸鸡

用嫩仔鸡为主料制作而成，是安徽太和地区的传统佳肴。

【原料】

嫩仔鸡 1 只，太和茶 10 克，白糖 100 克，麻油、盐、料酒、姜片、葱段各适量，味精、胡椒粉各少许。

【制作】

☆在收拾干净的鸡膛内放入葱段、姜片，鸡膛内外均匀地涂上盐。

☆锅中放入汤汁烧沸，放入鸡煮熟，捞出，淋上料酒。

☆将白糖炒成黄色涂抹在鸡身上，将鸡放入麻油中炸成黄色捞出。

☆取出鸡膛内葱姜，剔去鸡骨斩成大块码在盘内，随泡好的太和茶及调好的作料一同上桌，拿起鸡块蘸着食用，别具风味。

太和蘸鸡色泽金黄，鸡肉外焦脆而内酥软，清香扑鼻

太和茶色泽嫩绿清亮，香幽持久，滋味鲜爽

◆ 毛峰鸡

【原料】

母鸡 1 只，毛峰茶叶 20 克，大米 30 克，白糖 35 克，葱末、姜末、酱油、蒜泥、精盐、味精、芝麻油、麻油各适量。

【制作】

☆将母鸡洗净，剁去鸡爪，放入汤锅里煮至五成熟时，取出鸡抹上酱油晾干。

☆将葱末、姜末、蒜泥、酱油、白糖、精盐、味精与鸡汤、芝麻油混合成卤汁。

☆炒锅内放入毛峰茶叶、大米、白糖，放箅子，再将鸡放在箅子上，盖上锅盖，放在中火上，烧至锅冒浓烟时转用小火，并放点清水，再转中火熏，反复两三次。至鸡皮呈枣红色时取出，淋上麻油，剁成块状，再整齐地码成原形，放在盘中，浇上卤汁即可。

毛峰鸡的特点是皮脆肉酥、茶香清雅

毛峰茶滋味鲜浓、醇厚，回味甘甜，清香高长

163

◆茶味熏鸡

【原料】

童子鸡 1 只，小米锅巴 100 克，茶叶 15 克，姜、盐、小葱、红糖、酱油、黄酒、香油、花椒各适量。

茶味熏鸡色泽金灿，皮酥肉嫩，茶香浓郁

【制作】

☆少许小葱和花椒、盐一起制成细末，拌成葱椒盐，再切几根葱段备用。

☆将鸡内脏取出，鸡身洗净，将葱椒盐均匀撒在鸡身上，腌半小时。

☆将鸡身扒开，皮向下放在碗里，肚内放葱段、姜片，抹匀酱油、黄酒、香油，上笼蒸至八成熟，取出，除去葱姜。

鸡肉具有温中益气、补精填髓、益五脏、补虚损的功效

☆锅巴掰碎放入炒锅里，撒上茶叶、红糖，上面摆入箅子。

☆将鸡皮向上放在箅子上，盖严锅盖，先用中火熏出茶叶味，改旺火熏至浓烟四起时关火。

☆将鸡取出装盘即可。